図解 作業道の点検・診断、補修技術

大橋慶三郎 著

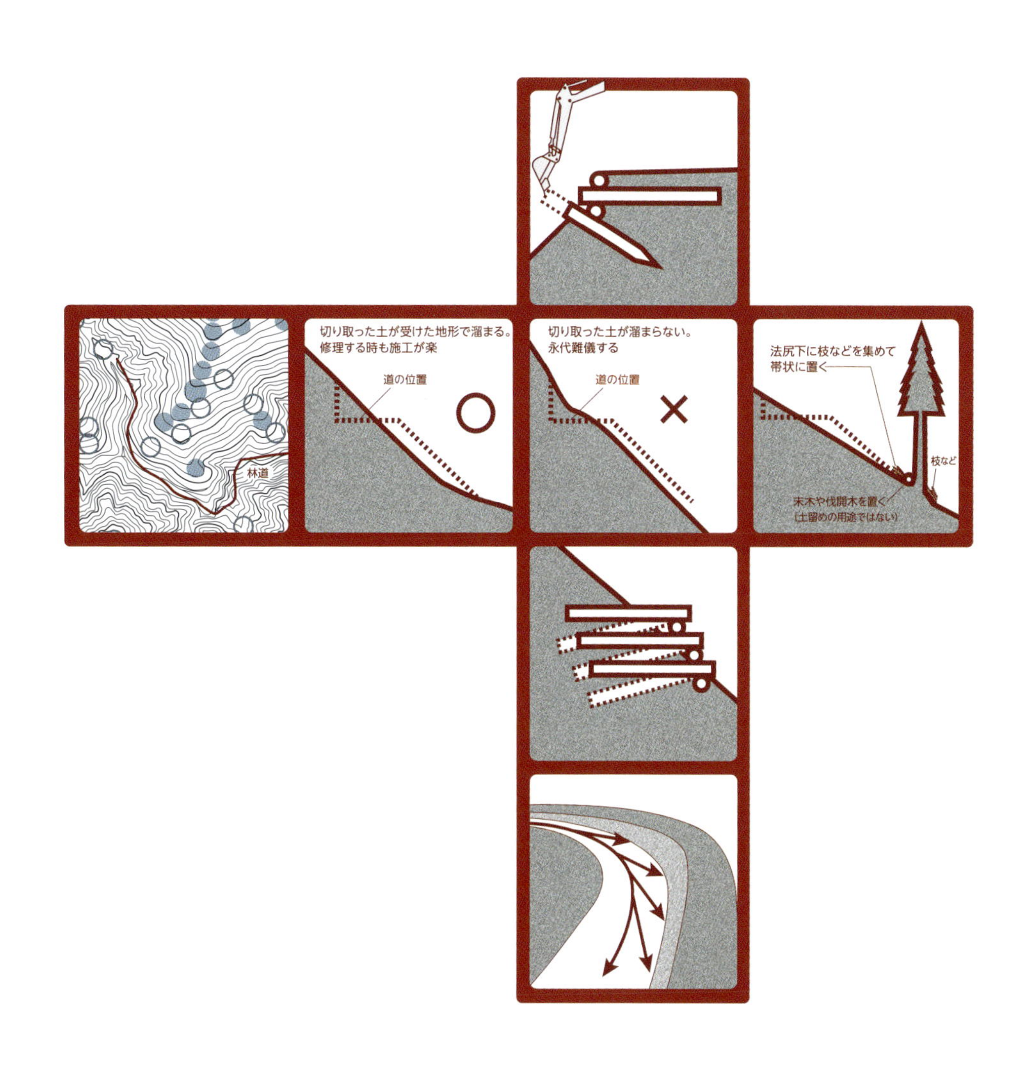

全国林業改良普及協会

はじめに

「瓦千年、手入れ毎年」という言葉があるように、路網の完成は「手入れ毎年」の始まりである。

使っているうちに、いろいろ具合が悪いところがでてくるもので、それらに手を加えているうちに、あちらこちらが傷んでくる。建物でも道でも同じようなもので、放置しておけば壊れて使いものにならないだけでなく、人間が使わなくなったとき、その道も死んでしまう。昔から「流れる水は腐らない」などという。

はじめに後々の修理のことを思って開設した道でも、常に手を加えなくてはならない。まして無思慮に開設した道は、林業者の手に負えないような崩壊が起こる率が高い（後々の修理費はルート選定による）。

老子も「難(かた)きを、その易(やす)きに図(はか)り…」と。路網では、「はじめに、大きい修理が起らないと思われるルートを選び、それでも、もし危ないと思われるところが目についたら、その芽のうちに修理せよ」との教えと受け取って今も実践している（下編第六十四章・始めに、よく考えよ…）。

道は無くてはならない大切なものである。ケモノたちにさえ必要なものである。私が昔、歩き回って選んだルートも、今思えば反省させられるものなので、上記のことが頭から離れない。掲載された写真などから、もしも参考になるようなことがあれば幸せである。

「運」。これはたびたび述べてきたが、「ならぬことは、ならぬ」(自然の掟)。これが分からないから自然の掟に逆らって「貧乏神」「疫病神」に棲み付かれるのではなかろうか。これらの神に棲み付かれると少々のことでは離れない。再々言うが、目先の事に惑わされて判断を誤らないようにしたい。私たちは「神」ではない。

かつては村の古老から若い世代へと語り継がれてきた何百年も昔の災害の教訓も、それを受け継ぐべき若い世代が居らず、自然とのかかわり方が薄らいでしまっていれば、何の警戒もなく道をつくり、それが災害を誘発させることにもなる。ボタンの掛け違いは、掛け直さねばならない(道も同じで修理できない)。昔、起こったことは必ず起こる。

平成27(2015)年3月

大橋慶三郎

目次

Q&A　道の補修と維持管理編

一問一答―道の点検と補修　56

まとめ—道づくりと水　63

道づくり診断編

ルート診断　68

私の林業人生から伝えたい　林業の本質と心得編

道の補修 編

- 維持に配慮した施工
- 道の補修
- 路線の修正
- 道の点検

丸太組構造物1

斜面勾配が緩いと、土の移動だけで道を開設することができるが、山地の勾配の斜面では、構造物を入れた方が後々よい。私の経験。

丸太組構造物は、決してコンクリートブロック積みの代用品ではない。間伐材を使った費用のかからない構造物で、年数の経過によって自然の法面に戻すための構造物である（丸太組の素材はスギでもヒノキでもよい）。

丸太組構造物はコンクリートブロック積みのように勾配を急に、また高く積むものではない。粗道から土の落ち止まり線*を見て、そこから積んでいくと丸太組構造物は残土によりほぼ隠れてしまう。構造物が見えるのは積み方を間違えている。

＊粗道を開設するときに切り取った土砂を直下の斜面に落とすと、落ちた土砂が止まる線が見られる。それが土砂の落ち止まり線。

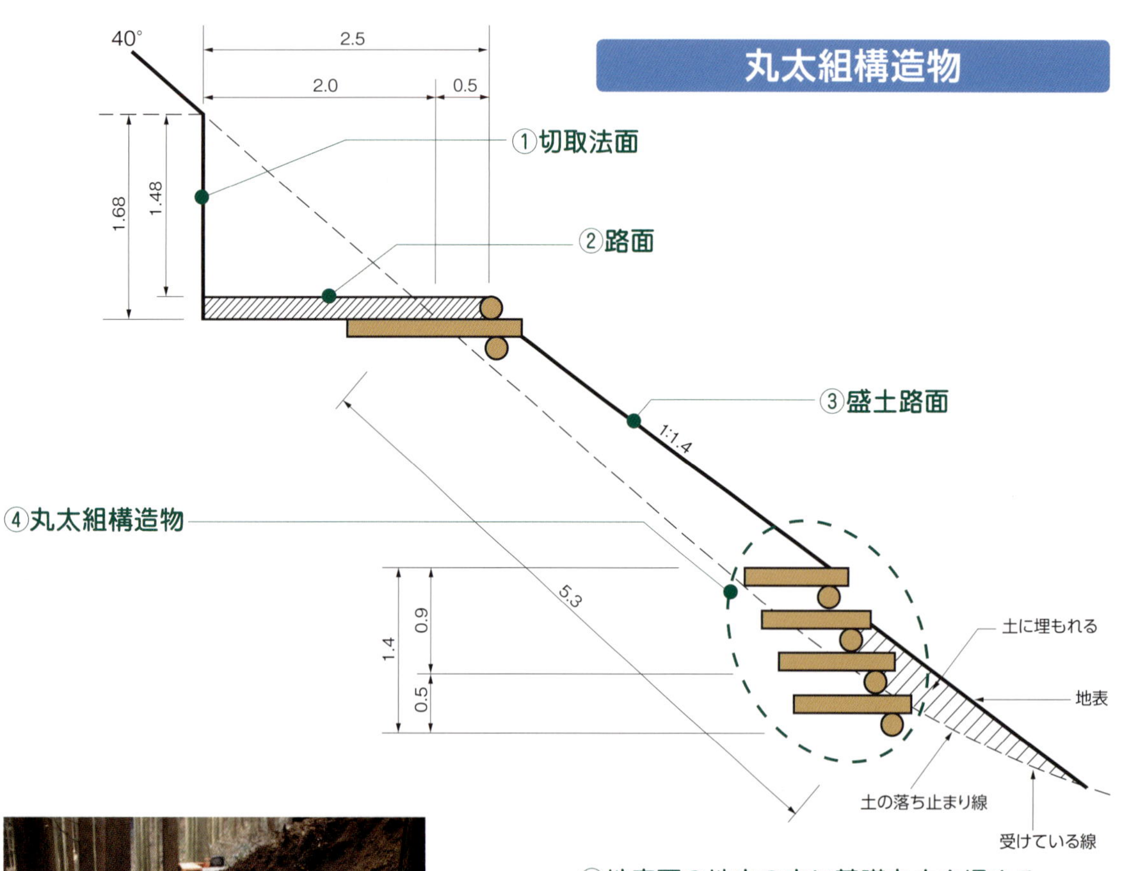

⑤地表下の地山の中に基礎丸太を埋める

作業道の開設による土砂を道下に捨てると、落ちた土砂が斜面の一定のところで落ち止まる（指で示している辺り）。この「土の落ち止まり線」から丸太組構造物を積む。

図のように土の落ち止まり線から積むと、丸太組は斜線部分が残土によって埋まる。山の斜面は直線ではなく、凹凸がある。残土は自然に構造物で止まり、下へは流れない。また構造物の大半を土で覆うので緑化工とともに自然法面になる。

切取法面もそうだが盛土は凍結と溶解でガタガタになる。盛土の底の丸太組をしっかり施工してほしい。横木の尻は少し上げる（15頁下図良い例参照）。５年ほど経過すると横木は水平になる。横木の沈み具合は土質によって異なる。

道下の地形をうまく利用することが肝要。そのためにも計画のときに力を尽くす。計画時に「タナ地形」をよく見ることが大切。

路面処理工と道下の丸太組

路面処理工と道下の丸太組。路面処理工の桁を深く入れておかないと、土砂が抜けて底が抜ける。事情が許せば、法面の勾配は緩い方が良い。道下の丸太組は土に隠れるのが正しい。法面は緑化される。根が網のように張って、丸太が腐っても自然の法面になる。

丸太組の横木と桁

道下に組まれた丸太組の横木（木口が見えている）と桁。丸太組の横木は、山側が少し上になるように組む。

組み上がった丸太組。道上から油圧ショベルで土を盛土部分に押し込んで盛土部分を固めていく。

丸太組で横木は山側を少し上に

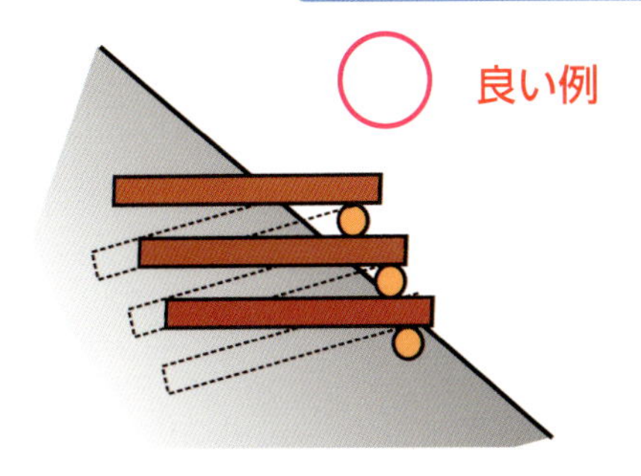

丸太組で横木は山側を少し上にする。横木は、土が固まってくると自然に水平に近づいてくる。丸太を積んだトラックが何年も通っているうちに、横木は桁を押さえるのに都合のよい角度（ほぼ水平）に固まる。

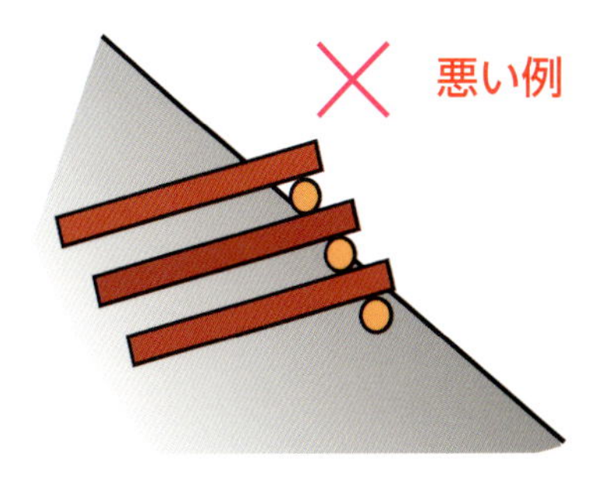

最初から横木の山側を低くすると、時の経過とともに、ますます後ろが下がって、上からの力が掛かると丸太組が押し出されてしまう。度重なる失敗の上に知ったことだ。

丸太組構造物2

路肩部の補強—路面処理工

高密林内路網では切取法高を低く、そして2tトラックが通行できる幅員を確保しなければならない。道は、降雨を路面のその場で排水しなければならず、集材作業中は車体からアウトリガーを出して、車体を安定させなければならないので、路肩部の補強が不可欠である。そのために路面処理工を設置する。

路面処理工

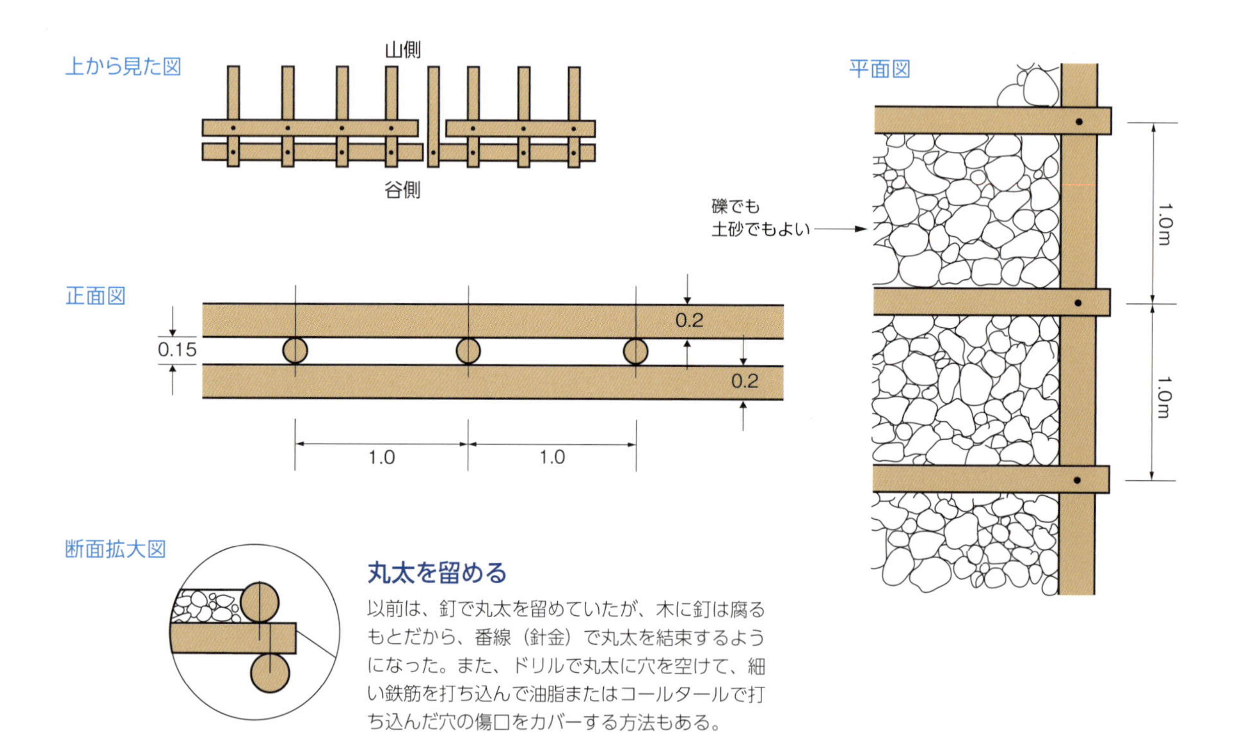

丸太を留める

以前は、釘で丸太を留めていたが、木に釘は腐るもとだから、番線（針金）で丸太を結束するようになった。また、ドリルで丸太に穴を空けて、細い鉄筋を打ち込んで油脂またはコールタールで打ち込んだ穴の傷口をカバーする方法もある。

施工中の路面処理工。重い丸太を積んだトラックの通行や林業機械での作業に十分耐えるよう、また降雨を路面のその場で排水（「その場排水」）するためにも路面処理工は欠かせない。

間違っている丸太組（腰留工）

法面からの土石で腰留工も崩れてしまった。長さを誤魔化さないで所定の長さの横木を入れておけば良かった。崩壊の上部の勾配から見て、現在の丸太組を取り除き新しく高さ80㎝ほどの丸太組をすれば直る。

上の写真の囲んだところを拡大。横木が短すぎる。このような長さの横木を入れるから改修しなければならなくなった。

正しい丸太組（腰留工）

切取法高が高いので裏留め（腰留工）をしている。横木の長さは経験によるもので、穴を掘ってでも所定の長さの横木は入れてほしい。

丸太組構造物3

土留工による緑化効果

法面の丸太組は崩壊防止だけでなく、緑化のためにも勾配をつける。土留工の丸太の間に実生のマツが育っている。切取法高が背丈ほどでも土質によっては構造物を入れた方が良い（この写真では背丈を超えている）。

谷留め構造物と渓谷の排水に留意した縦断勾配

小谷留めの丸太組は長い（2m以上）横木を使うこと。できれば礫で埋めてほしい。桁丸太は両側の斜面に突っ込んで一体になるようにする。小谷留めと山とが連結していないと、谷留めの構造物は流されてしまう。コルゲート管などで排水していると詰まってしまう。

末木枝条の処理

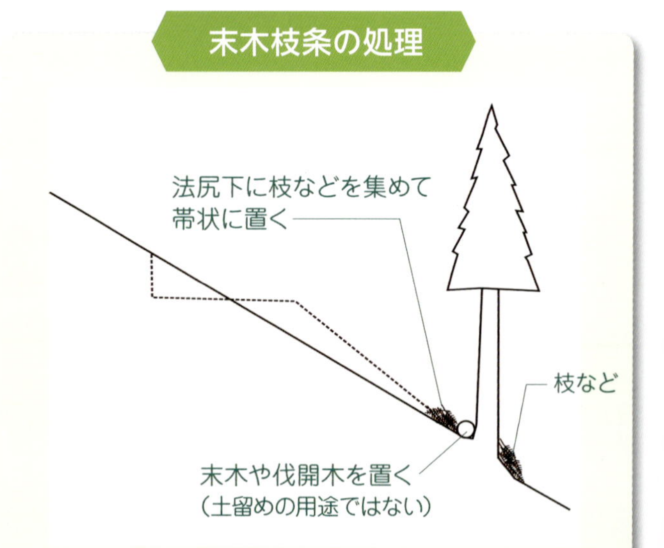

枝などを集めて帯状に置くと、豪雨のとき、法尻下に水の筋ができない。集めた枝などが水を分散させるのではないかと思っている。水の筋が斜面にできると崩壊につながる。斜面に筋を付けないようにしたい。水の筋ができたとしても、帯状に置いた枝条は、水の筋を硫化した水の力を緩和・分散させる

切取法高1

切取法面は、できる限り低くしたい。高い切取法高は諸悪の根源である。法高が高いと、移動する土量が多くなるだけでなく、地下水の流路を切断する率が高く、豪雨時に切断面から地下水が噴出して法面崩壊、路床決壊、それによる山腹斜面の崩壊を誘引する。

根の働き

根の動きはありがたい。このすぐ上に支線が通っている。もし、これらの木の根がなかったらこの幹線はどうなっていただろうか。膨大な工事費の出費を助けてくれた立木に感謝！再々言ってクドイと思うだろうが、「目先のことも大事だが、後々のことを考えないと後悔することが多い」。これらは失敗をして覚えた。路網を開設した60年前は、根もまだ細く、その支持力も大変小さかったが、現在では写真のような根を張りめぐらし、自らを守る自然の力がある。道をつくるために広い伐開をしていれば、今ごろ各所で崩壊が起こり、維持管理に追われていただろう。自然の仕組みに逆らわない。自然の力に守ってもらう。（大橋山）

大橋山での平均的な切取法面

背丈までの法の切取高では法尻の土留工は不要。ただし「白破砕地」（38頁）では切取法面の土留工は必要（「白破砕」とは、私が勝手につけた名称。礫が大部分の山で、航空写真を見れば白い筋が見られる。土壌が大変少ないので、すぐ崩れる。

切取法高は決められた以上に深く掘ると（私の山では切取法高は1.4mまで）、このような水の穴が通っている。水の穴の見られるところは赤線（表土と礫層との境）まで丸太組構造物を入れた方が安心である。いずれ年数が経つと、赤線の辺りから法面が抜けて崩壊するだろう。

切取法高2

なぜ法面は直切り（路面に垂直に切る）なのか

—法面の凍結と溶解に配慮

冬には法面の土が凍結して、春になると溶ける（私どもの山では、深さ20～30cmまで土が凍結する）。春先は法面は凍結と溶解を繰り返す。その繰り返しで法面の土は崩れ、直切りの法面でもその地域の自然環境に合った法面勾配に安定していく。

私は最初から法勾配を決めても何にもならないと考える。「凍結と溶解」を考えた計画が必要である（法面が崩れない岩石地はこの限りではない）。

標高の高いところや緯度の高いところでは、特に法面の凍結と溶解に注意しなければならない。これは盛り土部分の崩壊にも言えることである。

法面は垂直に切ることによって、凍結と溶解の影響を受ける法面の面積をできるだけ小さくできる。このことは、法面の崩壊防止に非常に大切である。地表の植生によって、その細根繁茂層の厚さはいろいろあるが、普通30㎝くらいは確実に細根が繁茂しており、その保持力によって法面が崩れずに保護されている。

「時」が経つと、法面の下が凍結と溶解などで流れ出し、高さ1.4mぐらいまでの法高では、およそ20～30㎝くらい道幅を狭めることになるが、これを取り除かずに、その裾を車の通行で踏み固めていると、上の細根の層がかぶさって安定する。これが、自然力による法面づくりの方法である。ここでは当然崩れ土を取り除いてはいけない。

自然にできた法面の断面形

冬に法面が凍結し、春になったら溶ける。そのとき法面が流れる。直切りした法面から道にせり出している土砂は、取り除かない。そのままにしておくと写真のような曲線になる。これは60年にわたる検証の写真だ。法面下部に溜った曲線が法面を保護している。（大橋山）

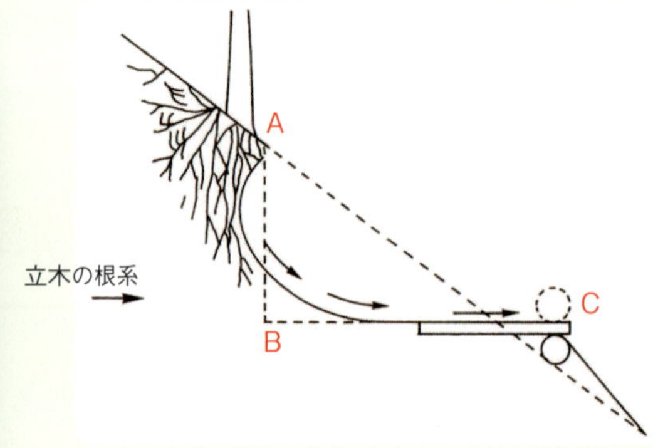

凍結と溶解の繰り返しでできた法面の自然の断面形は排水に適している。車両走行時、山側の轍は崩土の上になり、水が流れるような溝にはならないため、水の流れる轍は谷側の1本だけになる。轍を流れる水は、路面に捩（ねじ）りをつけて、外側に排水されるようにする。

路面処理

道は開設後しばらくは、使用するたびに轍が深くなっていくので、手を入れなければならない。できるだけ早く路面を安定させるには、路面に径の大きな砕石を敷き詰める。その大きさは径が５～８㎝のものがよい。路面勾配が15～20％もあると、豪雨のときに轍を流れる水の勢いが大変強く、径の小さい石は軽々と流されてしまう。なおかつ流れた石で横断排水溝が埋まって、水が中腹に流れ出し、災害の引き金を引いてしまうことがある。そのようなわけで、径の小さな砕石は用をなさず、悪い結果を招く恐れがある。これは、私の苦い経験から学んだことである。

大きな砕石を敷く

径の大きな砕石を敷き詰めると石畳みのようになる。（大橋山）

路面を安定させる礫混じりの土

少し角張った尾根の表土の下には、礫混じりの山土がある。これを採取して路面に敷き固める。探せばいくらでもある。山道の開設や維持管理するための修繕の材料は、すべて手近にあるものを使う。金を払って現場へ持って上がるのは、あまり褒められた考えではない。ただし、コンクリート舗装をするときは礫を買わなければならない。

路面に礫を入れた後

Uターン場所

Uターン場所は多いほど便利である。普通、ヘアピンカーブ、洗い越しでUターンするが、そのほか斜面勾配の緩い尾根、斜面勾配の緩い凹地などにつくる。

丸太組工法では、どうしても土砂が足りなくなる。それを補うために安定した尾根から土砂を採取して利用し、その跡地もUターン場所として利用する。

凹地形につくられたUターン場所。

斜面勾配をそのまま生かしてUターン場所をつくることができる。

路面の勾配による排水

路線に沿った勾配(縦断勾配)を調整して、雨水などを誘導し安全なところで排水することを考える。この場合、道は水を運ぶ流路の役割も果たしていることになる。

排水のために斜面の凸部(尾根)で路線に沿った勾配を少し下げ、普段水の流れていない凹部(谷)では少し持ち上げるように修正するのである。道の線形設定の重要なポイントである。幾度となく排水の考えを言ってきたが、まだ路面の雨水を凹部に排水している道が見られる。しまいにはヒドイ目に遭うことを恐れがある。

路線に沿った勾配(縦断勾配)による排水

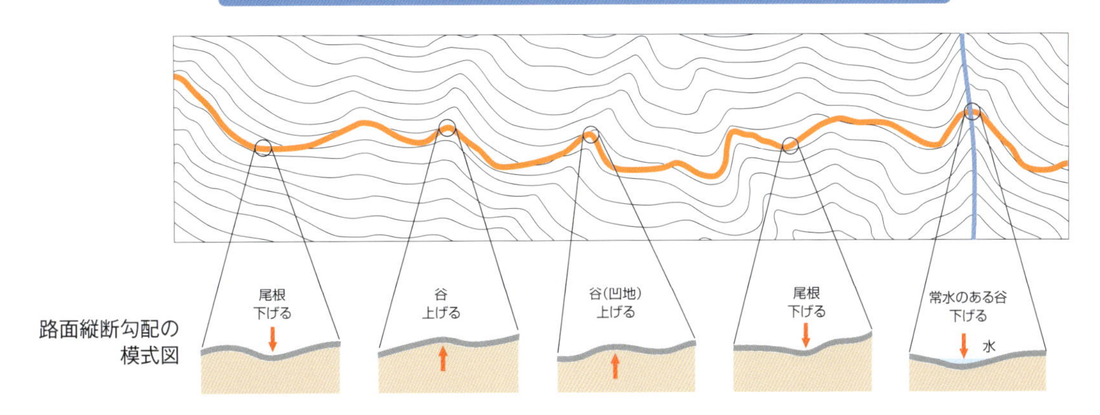

このように路線に沿った勾配を凸凹にして、安全なところへ水を流す。おおよそ20mごとに排水している。尾根は、元来水が集まる場所ではないので、道で誘導してきた水を排水しても問題はない。普段水の流れていない凹部(谷)などに路面の水が排水されると、悪い結果を引き起こす可能性がある。

路線に沿った勾配(縦断勾配)が斜面の凸部(尾根)が高くて、普段水の流れていない凹部(谷)が低いと、道を流れた雨水がもともと水分が多くて地質が軟らかな凹部(谷)へ集まる。水による崩壊を招くようなものである。

路面の横断勾配による排水

水切りの良い路面の横断勾配。
路面全体を通行に支障のない程度に少し谷側に傾ける。

ヘアピンカーブで内周側が下がっているものをよく見かけるが、これでは水の通り道になってしまい、内周側が溝状に掘られて通れなくなるだけでなく、荷物を積んで通行すると大いに傾いて怖い。また集った水が路面を流れ下って、道路決壊の原因にもなる。山の道では高速で走らないので、内周側を下げる必要はない。写真のようにすれば、水は尾根部へ分散排水される。

維持に配慮した施工

洗い越し

狭い谷を渡るのに、一般林道ではヒューム管やコルゲート管を使用するが、肝心の豪雨の時に、根株や流木が詰まって水が溢れ、路床を流失するようなことがある。特に、交通量も少なく、公共的に使用されるわけでもない林内路網の場合には、谷渡りは洗い越し（道を皿状に凹め、水を通す）が良い。その方が費用も安くなり、堅固でもある。

洗い越しと道上の構造物

洗い越しは、川の上側に設置した構造物で水の速さを緩める。
写真ではふとん篭の堰堤をつくり、道を保護している。

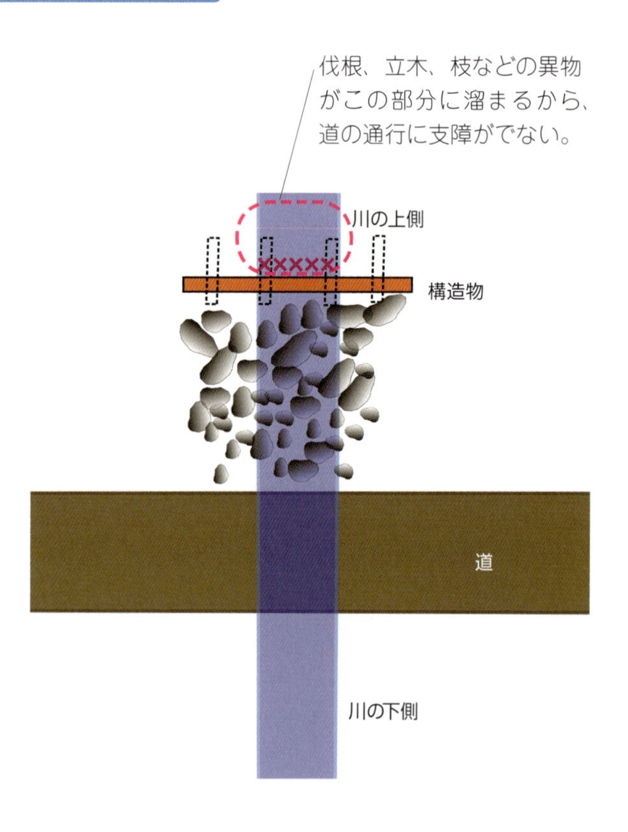

堰堤を経て、水はゆっくりと道上を流れるから道を崩さない。
もっとも水流から路床を守るために、路肩には構造物は要る。

ここには支障物があって、道の端から奥へ丸太組堰堤が
つくれなかったので、上流の２カ所で丸太組をした。

洗い越しを横から見た図

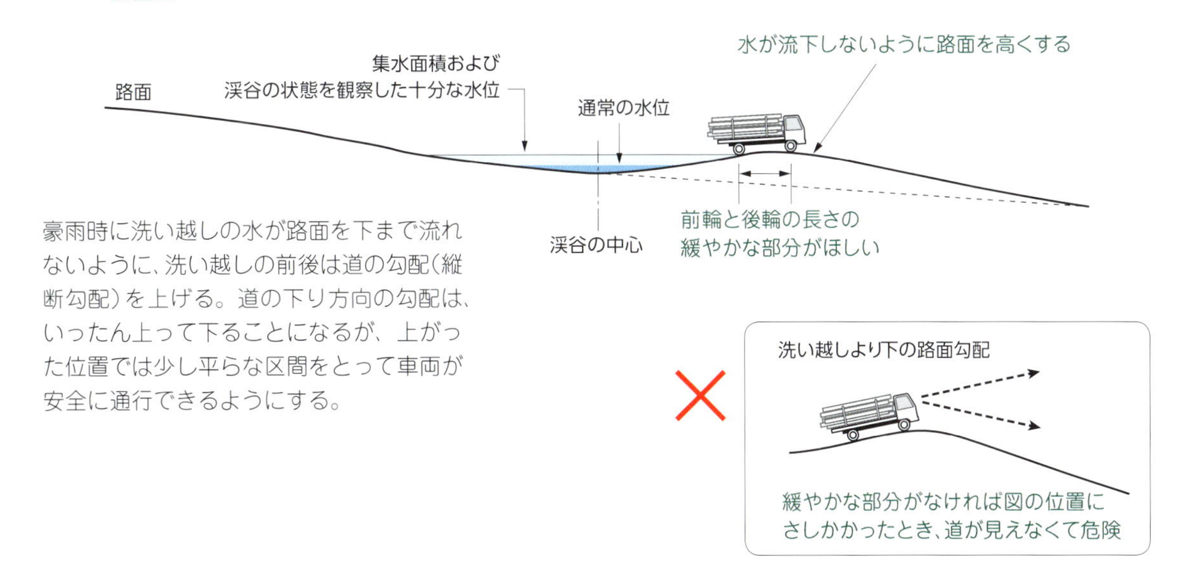

豪雨時に洗い越しの水が路面を下まで流れないように、洗い越しの前後は道の勾配(縦断勾配)を上げる。道の下り方向の勾配は、いったん上って下ることになるが、上がった位置では少し平らな区間をとって車両が安全に通行できるようにする。

洗い越し施工事例

路面に丸太が渡してある部分が洗い越し(囲んだところ)。ここは上流の地質がもろく、下に人家があり、ヒューム管やコルゲート管を使えば、豪雨のとき大変危険と思われたのでこのようにした。洗い越しは、豪雨の時の水量にも耐える断面積とした。

洗い越しによる上手な排水。特に洗い越しの下側の水が流れる部分にも、浸食されないようにコンクリートが打ってある。このように水(谷の水)を流すのが良いが、上側の凸部(赤色の部分)を切り取って道を真っ直ぐにすれば道幅も広くなり、安心して通行ができ、より良いと思う。

日常の補修1

大橋山の道の維持管理では、道幅が狭いので切取法面から伸びたイバラなどの草に気をとられて運転を誤らないように邪魔な草を刈っている。水溜りができたら丸太を埋めて修理を行う。路肩を点検して回り、必要箇所の修理を行う。自然に排水された水が斜面を流れ落ちてできた小さな溝などを修理する。修理は早めに行うのがコツのようだ。

年数を経て、良くなる道と、潰れてしまう道とがある。この違いはルート選定によるので、踏査という初期投資にうんとエネルギーを注いでほしい。

水による被害の修理

日常的に行う補修は、水による被害の修理である。大きな補修はないが、路肩の弱いところがあると、そこにつけ込まれる。だからそれを補修しておかないといけない。補修に使う資材は、その場にあるものを使うのが原則。資材を購入して運び上げるのではなく、「近くに木があれば木、砂があれば砂」を使う。

土は「土のう袋」に入れると、どのような形にもなる。40年前に詰めた「土のう」が今でも機能している。どんなものでも劣化するが、土は劣化しない。またその場に、いくらでもある。

捨てるような丸太があれば、補修箇所に丸太を詰める。

路肩のえぐれ

こんな場所も見つかった。路面処理工の路肩の桁の下で、路面からの排水によってえぐられている箇所がある。放置せずに、その場所にある資材を使って早めに補修を行う。この場所では、①まず、道下の適当なところに桁丸太を深く埋め込み、えぐれている箇所に土のうを奥まで詰める。②「時」が経って土のうが沈んで路肩の桁との隙間ができたら丸太を奥まで突っ込んで固める。現在、工事中。(大橋山)

小丸太による路肩の補修1

桁下に排水でできた穴を補修した箇所。路面処理工の桁の下に小丸太（1mほど長さ）をバックホーで押し込んで補修している。丸太は押し込んだ後、端を切って長さを揃えている。矢印の桁の下は、山砂3：セメント1の割合で混合した土のうを詰める。時間が経つと雨や大気中の水分で自然に固まる。費用をかけずに道を補修できる。現在、工事中。（大橋山）

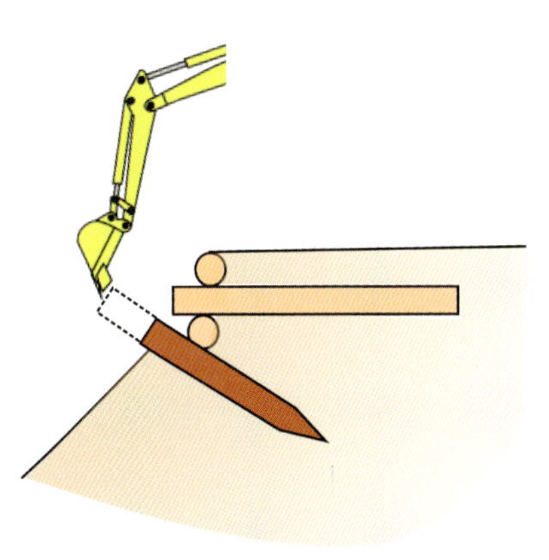

小丸太の押し込み方

油圧シャベルのバケットの先で丸太を路面の下に押し込む。１ｍほどの長さの丸太を30度の角度で差し込んでいる。軟弱地盤では丈夫な杭を打ち込む。差し込みの角度は、最大斜面に直角になるまで。この角度は土質などの環境によって変わる。

小丸太による路肩の補修2

作業道支線の路肩を補修した箇所。ここも路面処理工の桁の下に丸太を押し込んで補修している。（大橋山）

同じ箇所を道下から見たところ。桁を渡し、たくさんの丸太を押し込んで補修した。

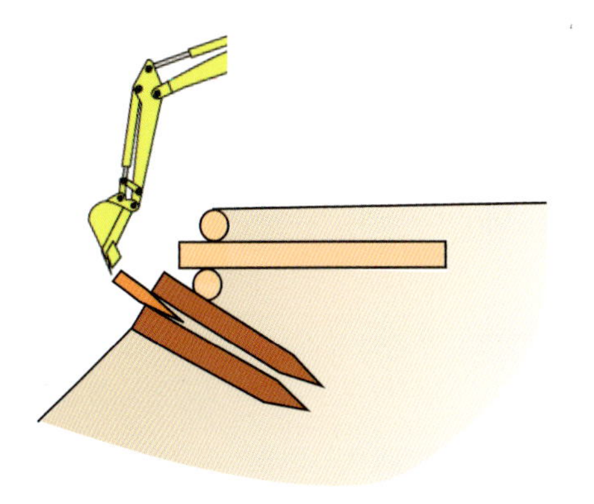

押し込んだ丸太と丸太の間に隙間がある場合には、そこに割栓を噛ませる。

日常の補修2

土のうによる路肩の補修

路肩の桁下にできた排水による小さな溝を土のうで補修した箇所。土のう袋には、山砂を入れる。土のうを固めたいときには、山砂にセメントを混ぜて袋に入れる。水は不要で、湿気、雨によって固まる。(大橋山)

砂や礫、水を山の上まで運ぶのは大変であったが、山砂とセメントを混合して強度試験をした。山砂とセメントを袋の中に入れて放置すれば、大気中の水分だけで固まり、使えることが分かった。道の修理資材は、なるべく近くで調達したい。

山砂。このような真砂土の山は植林木の初期成長は劣る。ただし、真砂土は、道の資材として使える。

土のうを詰める場所の基礎のつくり方

①油圧ショベルのバケットを突っ込んで、土のうを詰めやすく、滑り落ちないように圧縮基礎をつくる。バケットの先端を広げるようにすれば圧縮できる。
②土のうを詰めてバケットで圧縮する。

土のうによる切取法面の補修

切取法面に見えている土のうは、昭和43(1968)年に法尻の崩れを留めるために置いたもの。この道の斜面長10mほど上に道がある。道をここに通すしか方法がなかったので、法尻に土のうを積んで崩れを留めた。みな、土のうでの補修を笑っていたが、現在も機能している。土のう袋は安物ではなく、しっかりした耐久性のあるものを使っている。(大橋山)

土のうによる補修予定地

路面の縦断勾配の工夫で水を誘導し、路面下に流している箇所。道下に丸太組構造物を設置している。ここでは土のうを入れて道下に流れ落ちる水を誘導する予定。現在、工事中。(大橋山)

同じ場所を道上から見る。排水によってできた溝(囲んだところ)には、土のうを積んで塞いでおく。

日常の補修3

山砂とコンクリートによる補修

路面処理工は、パワーショベルで丸太を押し込んで補修しているが(27頁)、状態によっては山砂を混ぜたコンクリートで隙間(排水のための穴は除く)を塞いでいる(囲んだところ)。(大橋山)

丸太(昔の古電柱)を使った土留めの底へ山砂のコンクリートを詰めて補強した。(大橋山)

昔のコンクリート舗装面が割れた。割れたコンクリートを掘り取らずに、その上へ所定の厚みの舗装をした。たびたび転圧してきた路面を緩めることなく補強できた。(大橋山)

ここから上の支線は、山砂で舗装した。もう30年経つが、まだ破損していない。山砂には、礫から粒子の細かい砂まで揃っている。(大橋山)

豪雨による崩壊と補修ポイント1

平成25（2013）年9月の集中豪雨は、大阪府内全域に大きな被害をもたらした。ここ大橋山の路網にも数カ所被害が発生した。その被害状況と対処法について紹介する。

豪雨による崩壊

2013年9月の集中豪雨で路肩（側方余裕幅）が沈下し、桁丸太が露出した（囲んだところ）。路面を走った水の跡が見える（矢印↓）。工事予定の場所（大橋山）

路肩（側方余裕幅）の沈下面をパワーショベルのバケットで、圧をよく加えてから、沈下した斜面と路床の間にできた隙間（矢印↓）に山砂を入れたコンクリートを押し込んで詰める。その上へ土のうで路肩をつくる予定。このようなところは水分が多いので、路面を流れる水が入り込まないように、しっかりと手前で排水することが必要。工事予定の場所（大橋山）

豪雨による崩壊と補修ポイント2

水落ち部の補修

洗い越しの水落ち部(谷側)が高く、集中豪雨の際に水が立木の方に回ってしまったが、メタセコイアの根が崩壊を防いでくれた。この木がなかったら大きな崩壊を起こしたと思う。メタセコイアの根系は大層よい働きをしてくれている。盛土部の保全は、この働きを利用したい。(大橋山)

幹線の谷部で舗装道の底が抜けていたので丸太(矢印↓)で修理した(路肩の下へ丸太を打ち込んだ)。補修資材は近辺のもの(放置残材)を使った。(大橋山)

斜面崩壊と補修ポイント1

谷の向こうに崩壊のたまごが見られる。放っておくと崩壊が大きくなるので、枝付きの末木などを崩壊してできた穴の中に入れておく。(大橋山)

谷の向こうに崩壊が見える。(大橋山)

斜面崩壊と補修ポイント2

近年、頻繁に豪雨となる。今までになかったような自然災害が起こるようになった。幹線の切取法面の上の崩壊箇所。この崩壊地の上は緩い傾斜であり、豪雨で穴から水が噴き出した（囲んだところが穴）。補修は、ＰＮＣ板積工を３段にして（1.2ｍ高）、斜面が安定勾配になるように手を加える。（大橋山）

ＰＮＣ板積工で補修した切取法面

切取法面の下にＰＮＣ板積工を施工した箇所。切取部上部の立木の根系の土壌緊迫力を考えて、ＰＮＣ板積工を設置した。（大橋山）

ＰＮＣ板は、水平に積んでいくと聞いたが、道の勾配に準じて積んでも壊れていない。セメントを混ぜた土を入れて転圧して積んだ。（大橋山）

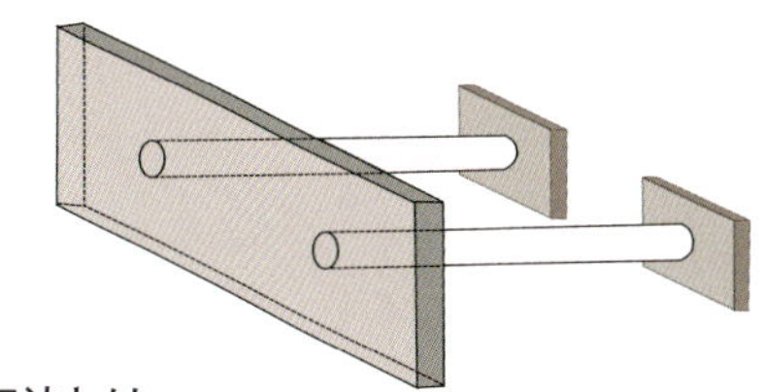

ＰＮＣ工法とは…

表板と控板は、鉄網入りのコンクリート板。
表板と控板をビニールパイプで連結し、その間を栗石や砂礫で埋めてつき固め、一つのブロックとする。このブロックを積み並べて目的の形に仕上げる工法。

Ｐ：パイプ、Ｎ：ネット（網）、Ｃ：コンクリート

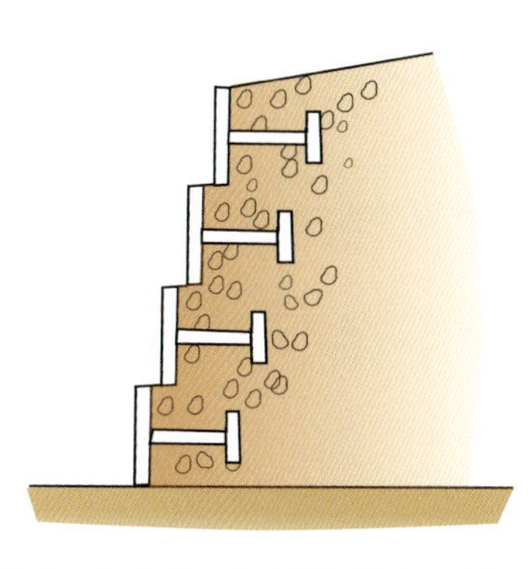

鉄網入りのコンクリート表板（100×40×３㎝）、控え板（25×20×３㎝）と塩化ビニール製の控棒（径３㎝、長さ50㎝）及び止めピンを上図のように組立てて、下図のような積み方をする。通常５段までが限度であるが、各段に20㎝ほどの間隔をあければ、それ以上に積める。

土石流災害での補修1

昭和57(1982)年8月1日、集中豪雨による崩壊と、その土石の流出で、谷筋がきれいに洗われた。その土石が国道309号線にまで被害を与えた。林内路網の幹線は約1,000mにわたって、谷に近い路床と橋が流出するなど甚大な被害に遭った。原因は、ものすごい降雨量で、それも短時間に降った多量の雨水がヘアピンカーブから下の弱いところへ流れ込んだためと思われる。これから後は、断層破砕線には特に注意するようになった。断層破砕線は地下水の通り道でもある。道から流れ落ちた水と合流する。

大阪府をはじめ関係者の皆さんのご協力と多額の費用をかけて、ようやく復旧することができた。高価な授業料を払ったが、多くのことも学んだ。

谷筋の石を活用した補修

土石流災害からの復旧工事。大きい石がゴロゴロしていた。たくさんある石を使って石垣を組んでいった。(大橋山)

土石流災害から復旧した当時の大橋山の谷筋の道と橋。石垣は広い面積で積んだ(昭和58年)。

石垣の積み方（野面石）

石垣は、このように積んでいった

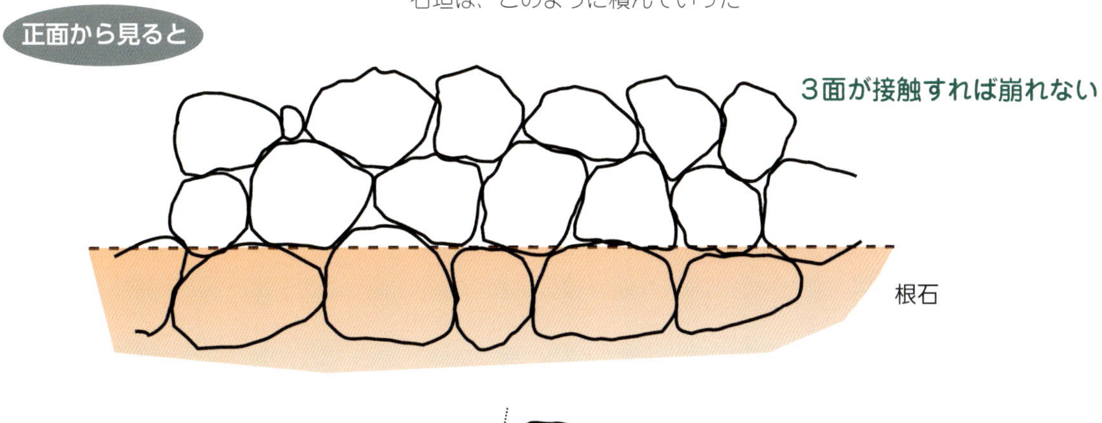

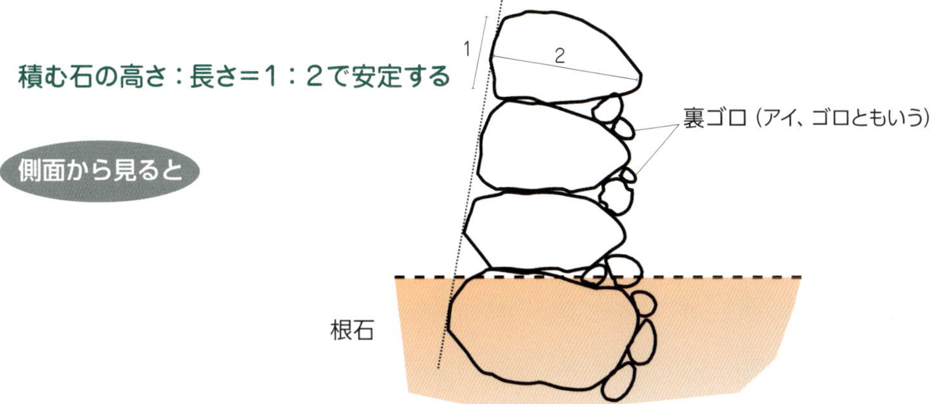

避けるべき積み方

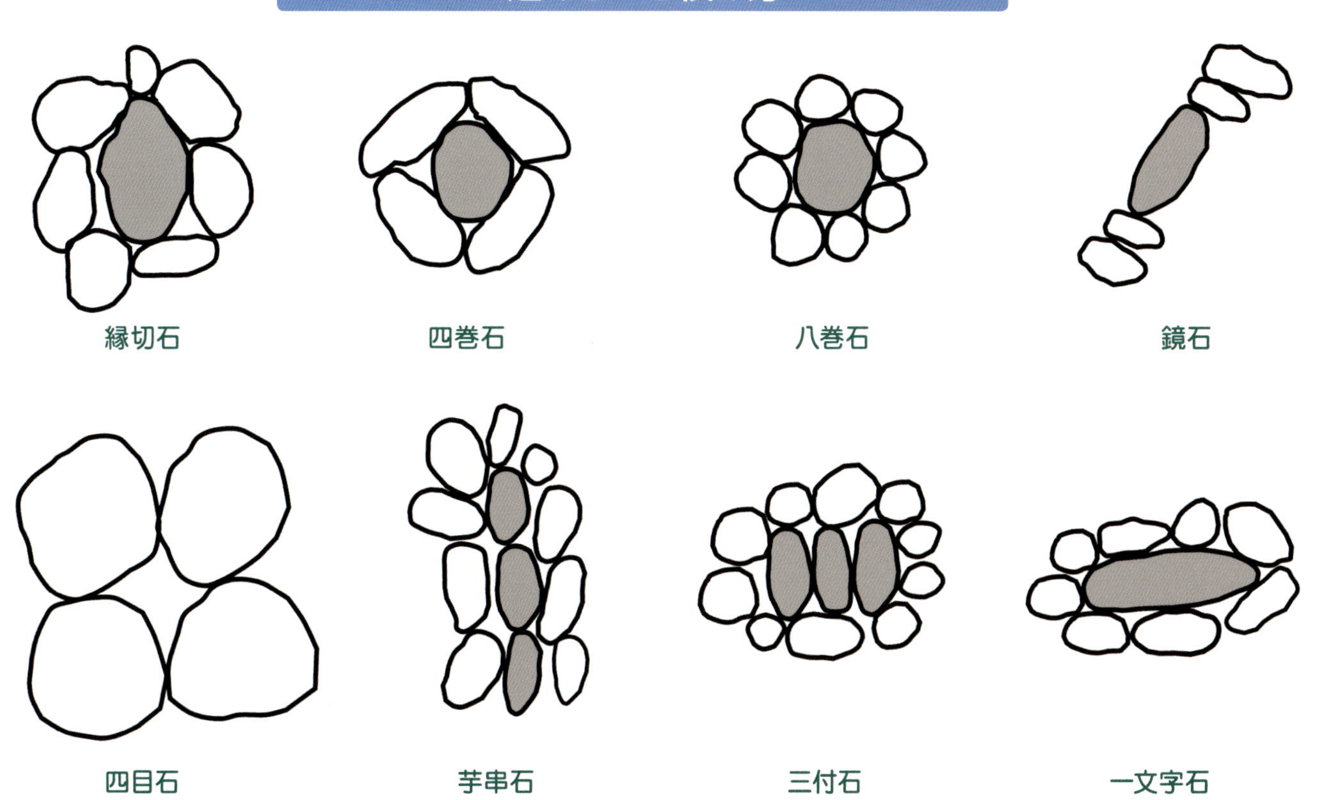

土石流災害での補修2

メタセコイヤによる補修

復旧した谷筋の道。川筋に残ったスギに付いた傷（土石流によって立木についた傷跡）が５～６ｍの高さにあり、土石流の恐ろしさを示している。右の広場にはメタセコイアを植えた。（大橋山）

現在の谷筋の広場。メタセコイア（右の木々の並び）は大きく育った。左の木々の並びは同じ時に植えたヒノキ。大きく育ったメタセコイアの根は、平成25（2013）年９月の豪雨では、谷筋の崩壊を防いでくれた。太陽の光が入るところは、メタセコイアの根で保全してもらう。自然のモノで道を守ってもらうことが１番良いということを学んだ。（大橋山）

法面補修のためのポイント1

切取法高が２ｍまでは土圧が小さく、根系が土壌をつかむ力によって土砂の崩壊を防止する効果は大きい。２ｍよりも高くなると根系が土壌をつかむ力よりも土圧のほうが大きくなる。

切取法高が２ｍを越える場合には土質にもよるが、このような根系の土壌緊縛力を考えてみると、その力が及ぶ範囲までの高さで構造物が必要である。切取法高が立木の根系などが土をつかむ深さの限度を超えた場合には、その土質に応じて法面に勾配をつけたり、法面下部に構造物を設置する。

高い切取法高は不可

白く見えるのが破砕礫。岩石が破砕されている。高い法面からその破砕礫が崩れはじめている。法面が高いと不安定。上に水の穴が多く見られる（囲んだところ）。

法面から水分がにじみ出ている（囲んだところ）。破砕線は水の通り道で、豪雨の時に水が噴出する。

PNC工法での補修のイメージ

このような高い切取法高は諸悪の根源である。切取法高はできる限り低くしたい。
根系の支持力と土圧の関係から、法高２ｍ以上は下部に構造物が必要になる（岩石地は別）。路面の地表から勾配をつけて、段ごとに控えて高さ１ｍまで土留工を積む（正確な勾配は、その地の諸条件によって変わる）。

PNC工法での補修のイメージ
線を引いた高さまで１ｍ高の土留工（腰留工）を行いたい。この地質では、放置すると崩壊が毎年大きくなるだろう。

法面補修のためのポイント2

崩れやすい礫層—植物の根を見る

表土の下、約50㎝ほどは植物の根が、このように見られるので赤線の高さまで腰留工が必要と思われる。このような礫層のところは、私は植物の根系で必要な構造物の高さを判断している。植物の根系の層の厚みは土質や植物の種類によって異なる。

左の写真の部分拡大。根系の層がよくわかる。

構造物が必要な法面—水の道を見る1

切取法面から岩石が崩落している。このような危険な切取法面は構造物で留めたい(高さ１ｍほどの腰留工が望ましい)。法面の様子(囲んだところ)から判断すると、豪雨時には相当な地下水が噴出すると思われる。ポールの上の法面には、水のスジも見える。また噴出した水を谷に排水するのはまずい。路面の水と噴出する水とが一緒になる。

構造物が必要な法面―水の道を見る2

水分が甚だしく多いところ。水が流れた跡がわずかに見られる(囲んだところ)。このような所は豪雨で崩壊することが多いので、赤線の高さまでの腰留工が必要と思われる。

斜面に大雨で水が噴き出した跡(水の穴)が多く見える(囲んだところ)。切取法面には腰留工を入れたい。側構(矢印)は用を成していない。

構造物が必要な法面―水の道を見る3

この林地は大変崩れやすい(斜面には水が噴出した穴が多数見られる)。切取法面が低くても(60㎝程度)腰留工を行いたい。

上の写真を拡大。この林地は円弧*の範囲にある。地表の水の穴、斜面の色(水分が多い)が危険な場所であることを示している。

*円弧……土地の一部が変動により陥没、隆起、亀裂などを起こしたことによる崩壊跡地。私の勝手な呼称である

小谷補修のためのポイント

洗い越しは、渓流の勾配の緩いところで、流路に直角につくる。その小谷の条件が許せば、道の端から小谷の３ｍぐらい奥へ、フトンカゴまたは丸太組などで堰堤をつくり、林内路の下側にも上と同じように堰堤をつくり、道を保護する。

上の堰堤は、堰堤を越えて流れ落ちた転石や伐根などが直接路上に落ちて、通行を妨げるのを防ぎ、下側の堰堤は、水落ち部を固めなければ、流れ落ちた水が渦を巻き、堰堤の底に空洞ができ、路床が決壊する。

路網計画を見直ししたい

この例では、路線計画そのものを見直したい。この状態では谷側の道の崩れを固める方法はない。この修理法を私は知らない。

小谷の丸太組の補修

ここは常時、水が少し流れている小さな谷だが、放置するとロクなことが起こらない。普段水が流れていない空谷も同じことで、豪雨時を考えて丸太組構造物を施工している。この写真を基に理想を言えば、

①全体に２ｍほど小谷の奥へつくりたい（桁を土中へ入れて抵抗力を増したい。このままでは矢印↓部分が崩れて丸太組の意味はなくなる）。

②水と共に流れてきた土砂などが道に溜まると通行できなくなるが、２ｍほど奥にあれば土砂も道に届かない。溜まった土砂などは、重機が通るときに除去すれば良い。重機はわざわざ持ってこなくても良い。

③構造物から落ちてきた水が路肩（谷側）を壊さずに安全に排水できるようにしたい。道下（排水が落ちるところ）に、洗掘を防ぐ水叩きを設置したい。

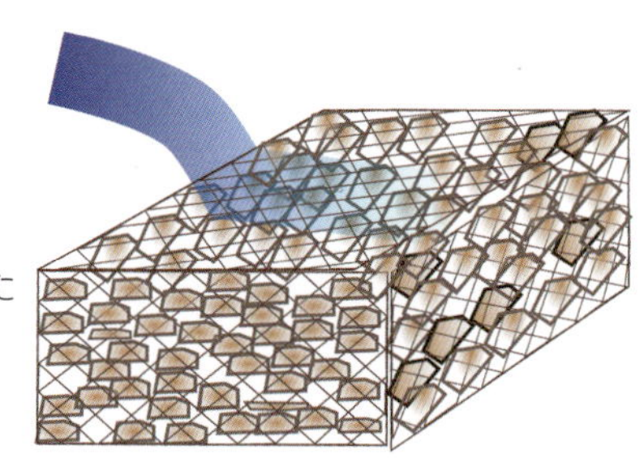

洗堀を防ぐ水叩き
鋼製のカゴに、栗石や砕石を詰めた水叩き（立方体のカゴ）を設置したい

小谷には谷留めの丸太組構造物が必要

豪雨で小谷の上流が崩れ、路上にあふれ出た土石。道上の小谷には必ず谷留めの丸太組構造物をつくる。図に示した位置（道端の切取法面から２～３ｍ奥）に、底が抜けないほど丈夫な丸太組構造物を入れると道へ異物が流失しない。

豪雨で谷筋が荒れた例。道の上下（赤色印）に丸太組構造物をつくる。切取面へ通常の土留工を、上下の掘られた凹地へは、これ以上掘られないように丸太組もしくは土のうを勾配変わりへ積んで緑化する。

排水のための路線の修正1

縦断勾配の線で、斜面の凸部(尾根)が高くて、常水の流れていない凹部(谷)が低いと、道を流れる雨水が、もともと水分が多くて地質が柔らかな凹部(谷)へ集まる。これでは、水による崩壊を招くようなものである。

路面の排水ができず崩壊した道1

外カーブで路面を凹型(通行に支障のない程度)にすれば排水できた。

路面の排水ができず崩壊した道2

路面の排水ができていないため、路面が荒れた。矢印の位置で排水したい。水切りは、凸部の真ん中(背)へ排水できるようにしている(少しでも分散するように)。凹部で流すものではない。

外カーブでの排水

路面を凹ませる

外カーブの排水する箇所を少し逆勾配にするか、または３ｍほど水平にして中央部分を走行に差し支えない程度に凹（へこ）まして排水する。路面からの排水はとにかく少しでも尾根がかったところ（外カーブ）でできるようなルートにしなければならない。

水切りの位置が不適

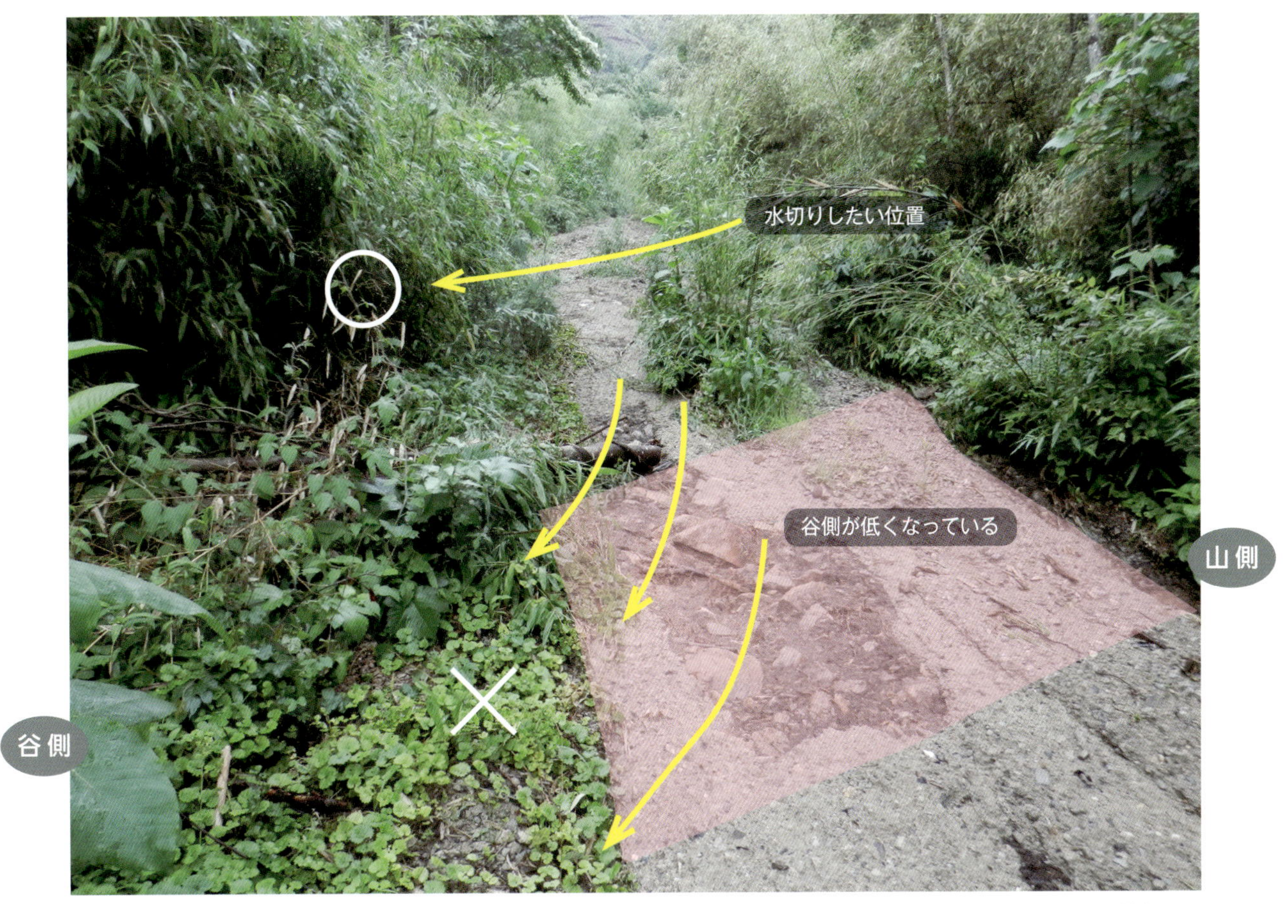

道の上部（写真の上の矢印のような外カーブ、尾根がかったところ）で排水したい。現状では斜面の凹部で排水するように施工してある。何度も繰り返して言うが、排水は外カーブ（凸地）でするもの。内カーブ（凹地）へは排水しない。

排水のための路線の修正２

誘導排水路の例

誘導排水路の例（↓の位置）。緩やかな凹型にして、排水容量を大きくする。図のように誘導排水路を急な凹型にすると、通行の支障となる。ここで排水するのは賢明ではない。道の奥の尾根（囲んだところ）で大きく排水すれば、ここでの排水は不要ではないだろうか。路面が高くなっているところを均すと、路面勾配は２％程度と思われる。

誘導排水路の良い例

尾根がかったところで緩やかな凹型に誘導排水路が施工されている（囲んだところ）。

道の勾配の修正

道（赤実線）の勾配がおかしい。補助線（赤点線）を入れてみると尾根のところで道が高くなっているのが分かる。排水のために斜面の凸部（尾根）で線を少し下げたい。道を尾根で下げる（１ｍ以上道を下げることになる＜青点線＞）実際には、切取法面の法尻には土留工を入れたい。この土質では切取法面保護の裏留工をつくらなければ崩壊が止まらなくなる。

洗い越しの修正・施工1

小谷を渡るには、洗い越しが経済的である。ただし土砂を移動しただけで施工できるものや、道の上下の谷に谷留め、水叩きなどの構造物をつくる必要があるものもある。

洗い越しの水落ち部は固める

洗い越しの構造はよい。ただし、路面を流れた水をきちんと川まで誘導したい。洗い越しの水落ち部(洗い越しから水が流れ出るところ)の掘れている部分には構造物が必要。ここには転石が多く見られるので、ふとん篭に転石を入れて施工してはいかがだろう。なお、左側を掃除すればUターン場所に使えるのではないだろうか。

洗い越し部分を掘る

写真右上から左下に水が流れている洗い越し。道の下り側(左)がこの高さでは、洗い越しの役目は果たせない。もう少し掘ることで多くの水を処理することができるのではないだろうか。なお、掘った土砂は道の下側へ盛っておけば良いと思う。

路肩を固める

洗い越しにした道。谷の上流には道から2～3ｍ奥に土砂留めの丸太組構造物を設置する。路肩には丸太を入れて固める。水の道はいじらない(水の流れは変えない)。

施工法は、まず線の部分へ長い丸太(末口は最低で20㎝以上)を埋設する。次いで大きな転石で石垣を積む。できれば練積み(裏込めにコンクリートなどを使用)で積む。これ以上は触らない。

洗い越しの修正・施工2

コルゲート管・丸太組で修正

写真に見られるように、路面を凹ませて谷水を排水している。谷の水に加えて、凹地なので路面の水も集まり、土砂の移動だけでは法面（盛土）を保全できない。ここは水分量（地下・表土とも）が大層多いと思われる（法面・崩れた面などで推測できる）。内径が大きいコルゲート管を急勾配で埋設し、パイプの流入口に柵をして異物が流れ込まないようにすると崩れた法面修復工事費が少なくて済む（丸太組費用とあまり変わらないと思われる）。小谷の水をパイプで排水すると、あとは路面の水だけになり、凹地を少し盛土して現在崩れているところへ流さなければ土羽だけで済むと思う。丸太組構造物で修復するときは、太くて長い丸太を使うこと。盛土面のイからロまでを丸太組する。このとき路面高になる桁「ロ」は末口20㎝以上の長尺の防腐丸太を使いたい。「イ」の下には水叩き（40頁）が必要に思われる。

ヒューム管を太くする

このような決壊を見かけることが多い。小谷の水を通すために道下に埋設されたヒューム管*が詰まって、役に立っていない。原因は、谷を土砂で埋め立てただけの道だからである。上流・下流の状態をよく見て、構造物（丸太組）を入れ、もっと太いパイプを勾配（10～20度）を付けて埋設しなければならない。
太いパイプを入れて補修する理由は、道下の状態を見ると洗い越しを施工するには費用がかかるからである。
なお、パイプの入口には、鉄格子のフタや杭などで防護柵を設置し、伐株、丸太、枝、転石が入って詰まらないようにし、小谷には、道から必要な間隔をあけて丸太組構造物（土砂、異物止）が必要。

*ヒューム管……鉄筋コンクリート管

パイプの入口に防護柵を設置する

谷の水を通すために道下に埋設されたコルゲート管*が詰まっている。パイプの入口に、転石や株などの異物が入らぬように、杭、H鋼などで防護柵を設置したい。

*コルゲート管……管壁に波付けを施した鋼鈑製パイプ

コルゲート管を埋設する

土砂を移動しただけの洗い越し。豪雨時の増水で道が決壊してしまった。この補修は、現地の地形などの条件が許せば次のように行いたい。

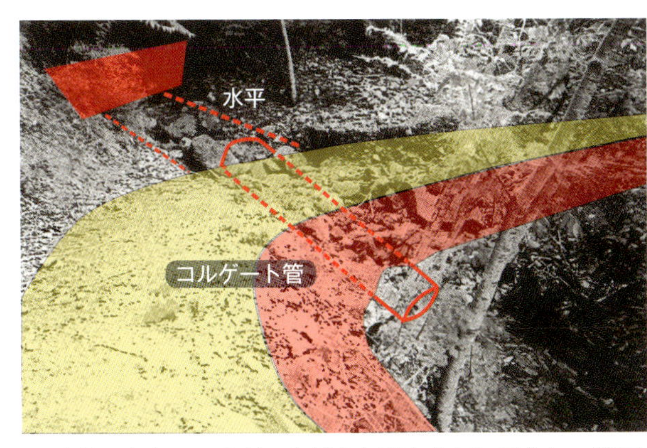

- 内径の大きいコルゲート管を勾配を急にして入れ、路肩を石垣で固め、パイプの入口にパイプが詰まる恐れのある大きな物が入らないように、杭、Ｈ鋼などで防護柵を設置する。
- 路面の端から左側の谷へ２～３ｍ入ったところに土砂留めの丸太組構造物を設置する。

洗い越しへの変更を検討

道下に埋設されたコルゲート管。草の様子から判断して、大水がその上を通っている。管の勾配が緩い。洗い越しに変えたらどうだろう。

谷側のコルゲート管の排水口。山側のパイプの流入口に、石や立木、株などの異物が入らぬように配慮したい。万一、パイプが詰まってしまったら、どうにもならなくなる。谷の地形にもよるが、洗い越しも選択肢の１つとして考えたい。

川沿いの路線の補修・施工1

川に沿って道を開設するときには、その位置を十分検討しなければならない。洪水の時に川が主権を主張するであろう縄張りを地形から判断することにしている。とにかく自然には逆らわないのが良い。川がここを通るんだと言えば、そうかそうかと気持ちよく、何の抵抗も無く通してやるようにしている。

増水で流された道

流された道(右側)。道と川との高さに差がない。川より一段高いところに道をつくりたい。

川の渡り方

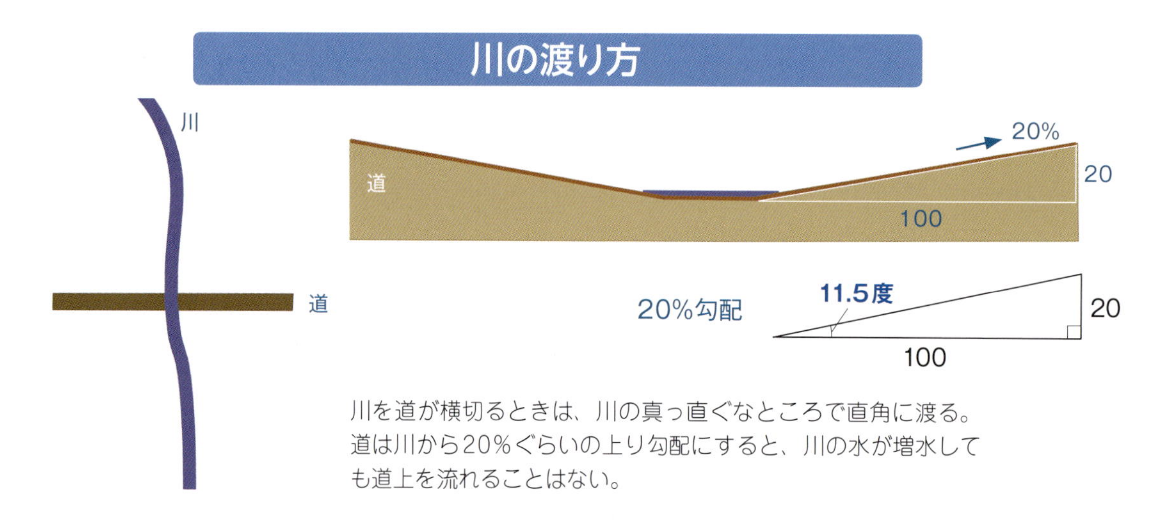

川を道が横切るときは、川の真っ直ぐなところで直角に渡る。
道は川から20%ぐらいの上り勾配にすると、川の水が増水しても道上を流れることはない。

増水で荒れた谷筋の道

川の流心がふとん篭に当たった。ふとん篭は残ったものの底が抜けてしまったのは、水の流れを想定していなかったため。川の流心を調べて、川の流れに抵抗しないように道を計画したい。水の流れには逆らえない。

上の写真をすこし上流から見たところ。流心が法面を直撃した（矢印↓）。できれば河床の岩を削り、支障なく水を流すことができれば良い。

川沿いの路線、川の補修

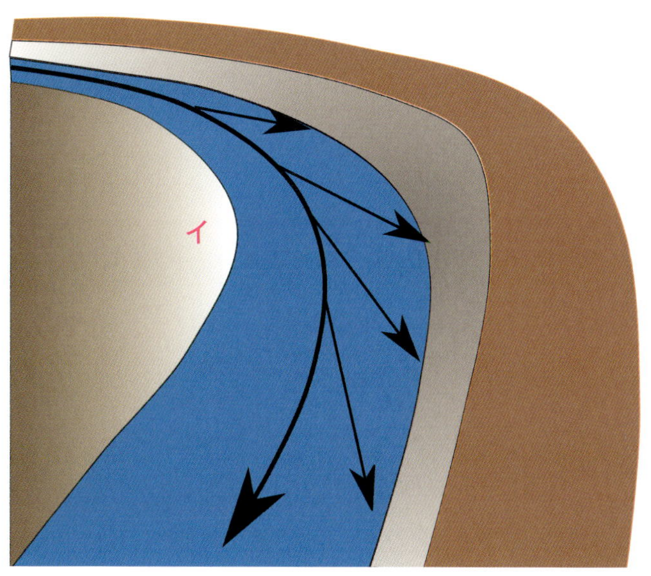

川の水が突き当たるところに道を計画しないこと。
川の水が邪魔されずに流れるように川道を変えることもある。

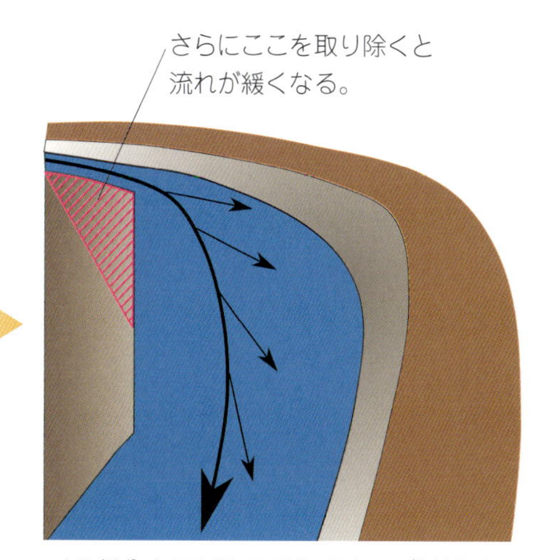

イの部分を切り取ることでカーブは緩く、川幅は広くなるので川の水が突き当たる力が弱くなる。

川沿いの路線の補修・施工２

水による路肩の崩壊

増水した谷川の濁り水が路肩の裾を流し去った。濁り水は通常の水より重く、その勢いは怖い。豪雨のときは水位が上がり、道床が流される。水位の上昇も考えたい。

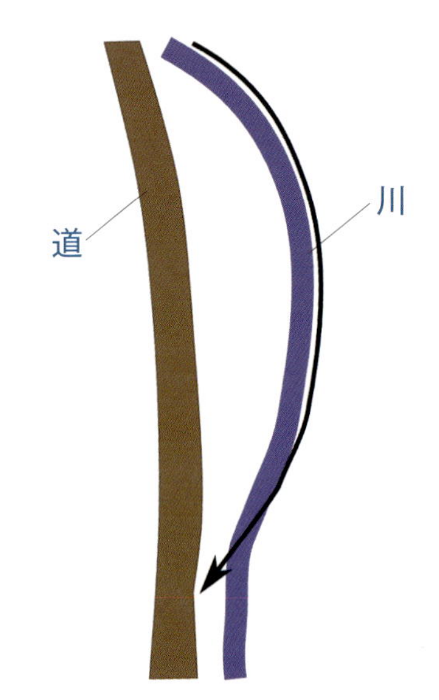

増水に加えて、川の流心が道を直撃し路肩を流し去ったのではないだろうか。

豪雨で水量が多いとパイプの放出角度や水量が変わる。豪雨のときパイプの水が水平より少し上向きに流出した形跡が見られる。表土や割れた岩が流されて、このようになった。そんなことも考慮した計画が望まれる。

左の写真を下流側から見たところ。川の流心が道の裾に当たり路肩が崩壊している。内カーブの設計は注意しなければならない。相当水位が上がったのだろう。浮遊物が道の上に残されている。

点検箇所—構造物

道は通るたびに観察している。細かいところまで見るためには、梅雨や台風の雨期の前後の年２回は必ず見回りをしないといけない。早く見つけて、早く対処すれば、費用もかからずにすむ。雨期の前に見て、水が流れたら大変なことになるような所があれば、先に手当てをしておく。そして後から、自分のやったことが効果あったか、正しかったかを確認に行く。そういうふうに何十年と結果を確認していると、１つの法則ができ上がる。検証して初めて本物になる。身体で覚えることが大切である。

まずは、構造物の点検のポイントについて見ていきたい。水の流れが法面に溝を刻み、崩壊につながることがある。また水の流れを妨げると大きな被害につながることがある。早めに点検して対処することが大事である。

水の流れが点検のポイント

尾根
凸部があるのに凹部に排水している

水が路面処理工の裏に回り込んで法面に穴を空けている。早めに手当てしたい。その方法は日常の補修（28頁）を参考にしてほしい。ここは緩いが内カーブになっていて、ここに水が流れ落ちている。谷は水が多い。凹地には水を流さない。もう少し上に凸部がある（右上に尾根が見えている）。この外カーブの凸部で排水すれば良い。

橋の入口が詰まらないように注意したい。水の入口はまめな点検が必要。

点検箇所―地中の水分の状態1

林地の中には、他に比べて土壌中に異常に多くの水分が含まれている場所があちこちにある。このような場所は地下水位が高いので、切取面から水が流れ出し、法面が不安定になるだけでなく、豪雨のときには水が噴出して必ず崩壊する。冬季の凍結と溶解による害も大きい。このような場所は、日頃から注意が必要だ。

水分が多い法面

道の盛土部の斜面から水が出た跡が見られる(囲んだところ)。十分に注意したい。土壌中の水分が多いところは周囲より濃い色で現われる。

道下の斜面の状態から、昔の崩壊跡地へ道を計画したことが分かる。たくさんの水の穴が見られる。

水分が多い斜面

内カーブの法面に水の道が見える(囲んだところ)。メタセコイアを植えて根の力で盛土を固定するか、路線を変える必要がある。

水分が多い箇所（色が濃く見える）

凹地は土壌中の水分量が大層多い。ここでも地表近くに水の穴が見られる（囲んだところ）。このようなところは避けて開設したいが、凹地を盛土にして、手前と奥の尾根を低くして、そこへ誘導排水したい。

路面上の水分の多いところは写真を撮ると濃く写っている。路面処理工で対処したい。

路面処理工を施工しているところ。路面処理工の先に恐ろしい水の穴が並んでいる。凹地での排水は禁物。道から下が崩壊する。凹部は路面を上げたい。ここでは路面処理で凹地を少し高めに施工したい。道の切取法面に土留工が要るのではないだろうか。

点検箇所―地中の水分の状態2

水の凍結と溶解で崩落した岩

岩盤の隙間の水が冬季に凍って体積を増し、隙間を大きくする。春に溶けると、大きくなった隙間で剥離した岩盤が、このように路上へ落ちてくる。危険だからよく注意したい。

Q&A
道の補修と維持管理 編

一問一答

道の点検と補修

これまでの経験を元に、道の修理と維持管理のポイントについて一問一答形式で紹介したい。

問 1　作業道の維持管理のためのポイントは？

■点検の時期

地表の草が枯れた晩秋から初冬にかけて踏査する。豪雨後は時期を構わず踏査するが、踏査（調査のための見回り）は、豪雨後すぐにするものではない。土地が緩んでいるから、直後はどんな変動があるかわからない。最低、晴天を1日入れてからの調査が無難。

■点検すべきポイント

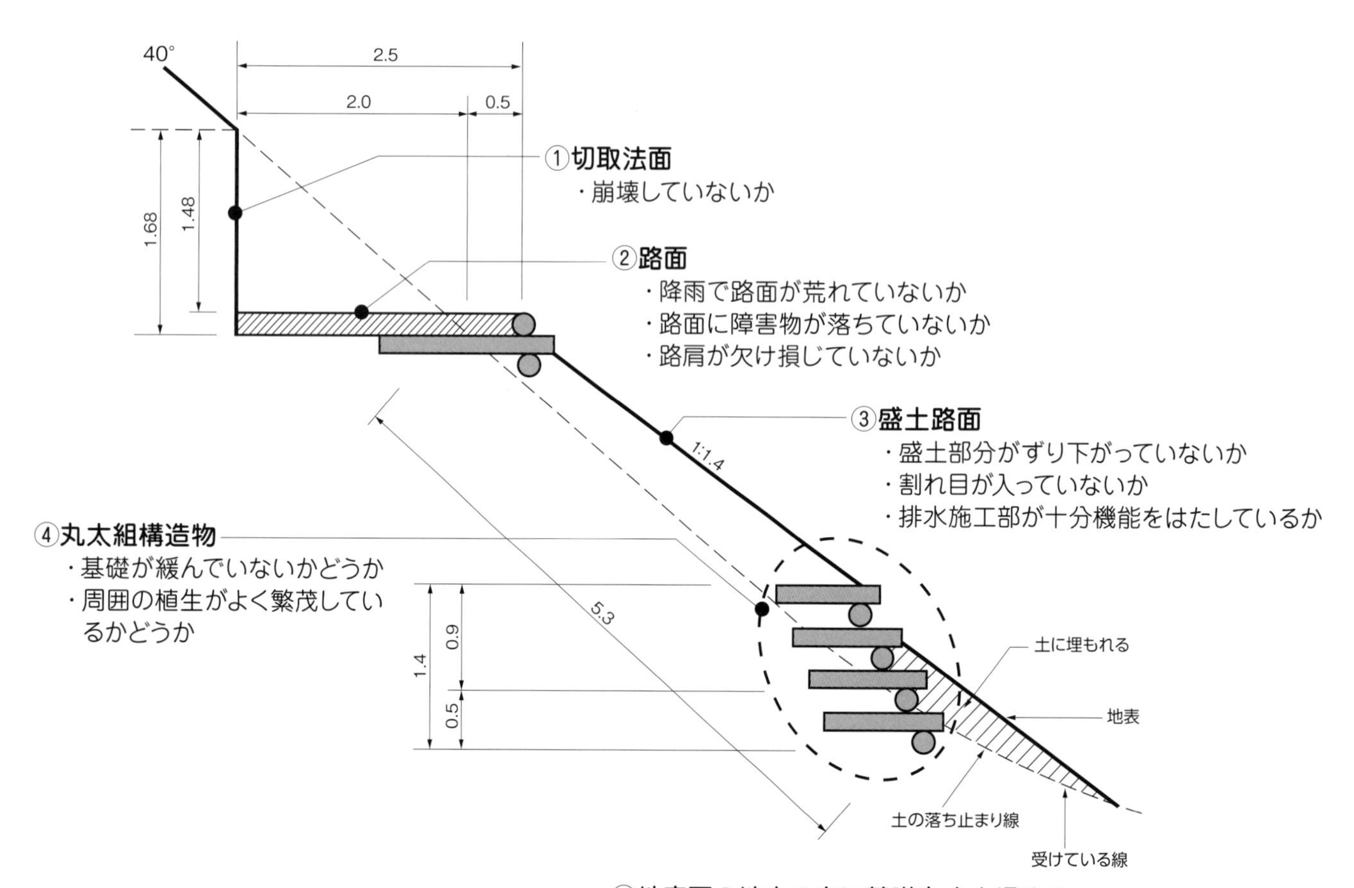

■維持管理は踏査時点に遡る

道の維持管理は、道をつくる前の踏査時点から始まる。自分が工事をすると思って現地踏査したい(路線計画者と施工者とが異なることが多い。どうにも手が付けられないようなところでも地図の上では線が引けてしまう)。

第1は、踏査ができる人材育成が必要だ。

路網計画は、いろいろ書いてきたが、路肩下の地形が受けているところ(**イ**)を選ぶべきだろう。

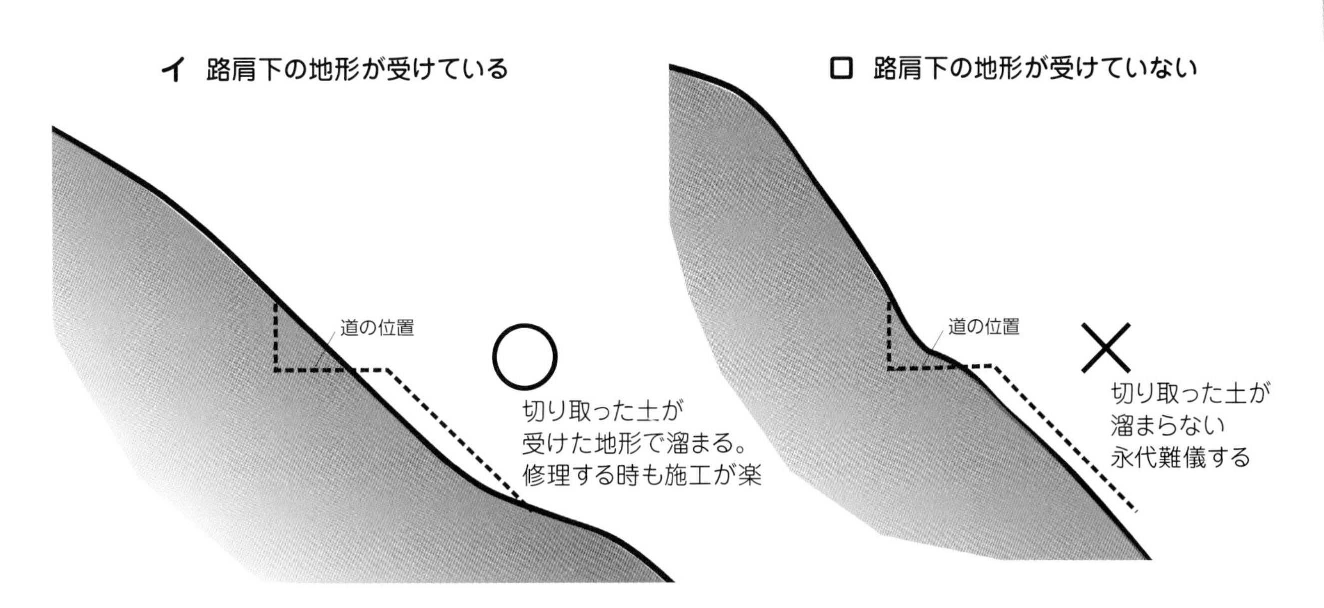

問2　水が関係して起こる作業道の問題点について、水のどのようなことに注意を払わねばならないのか？

■水には水の道がある。それを侵していないだろうか？

水はその性質に従って年月をかけて水の道をつくってきた。その道を害しないようにする。侵せば必ず元に戻される。水は、どんな障害があっても決して後戻りしない。水の本性を知って協調していくしかない。

■水は湿り気の多い方へ流れていく

草木がよく茂っているのは、湿り気が多いからである。だから凸部(外カーブ)で排水する。ただし、流末処理に注意しなければならない。

問3　水によって道に引き起こされる問題には、どのようなことがあるか？

①切取斜面が崩落する。
　崩落を防ぐためには道の開設の際に切取高を守ればよい。やむなく高さを超えてしまったら法面に丸太組構造物(腰留め工)を設置してきた。
　その切取面には、凍結した土が溶けて崩落した跡が見られる。崩落した跡の高さは、その場所での自然条件を示している。
②丸太組構造物の底が抜ける。
　構造物を入れる所の表土下の地山まで掘って、桁を収めてないから底が抜ける。
　丸太組構造物は、どこにでも設置できるものではない。土砂は冬に凍結し、春には溶ける。その繰り返しで丸太組構造物内の土砂の水分の変化で、基底部が緩んで崩壊の原因となる。簡単に万能薬と考えてもらったら困る。
③川が増水して路面を走り、道を流失させる。
④盛土部と切取部の境に割れ目が生じ、盛土部が滑り落ちる(土の落ち止まり線に入れる桁の位置と深さが肝心だ(56頁図参照)。
　盛土部の滑り落ちは、盛土部の荷重が原因、補修には滑った土を取り除き、構造物を入れる。一番やっかいな問題)。
⑤山側の小谷からの水が路面を流失させる。
⑥路面を流れた雨水が路肩の弱い部分に流れ込み路肩を崩す。
⑦川の水が路床を侵食して道が流失する(増水時の水面高を想定し、その水面高と路面高との調整を図った計画をする)。

問4　山側から水が浸み出てきて、いつも路面が濡れた状態になっている箇所は、どのように補修すればよいか？

　ところどころ水抜きするよりほかに方法はない。路面より下に水抜き(丸太を束ねて埋設する)を設置し、その上に路面に直角に丸太を敷き詰めて水を抜く方法もある。

問5　沢渡りに入れたヒューム管、コルゲート管が豪雨で詰まり、道を流してしまった。沢を渡る部分は、どのように補修すればよいか？

　原因は路線選定の不慣れによると思われる。こんなところは工事する人も大変危険である。
　コルゲート管を利用する場合には、内径の大きいコルゲート管を急な勾配にして埋設する。ただし山側の渓谷の勾配によっては、管の流入口に杭などを打って異物が入らないようにする。

ヒューム管、コルゲート管で小谷を渡る施工方法が簡単でよいようだが、私の経験ではすべて詰まって結局大損になった。その後は、①洗い越し、②橋、③口径の大きなパイプを急な勾配にして入れることで対処してきた。私が入れたヒューム管は、内径1.5mのもの。人がヒューム管内に入って詰まった根株にワイヤーを掛けて引き出すこともできるし、適当な丸太を入れて詰まったものをパワーショベルで突き出すこともできる(煙突掃除のようなもの)。

ただ、やはり洗い越しのような水の流れが詰まることのないオープン工法が心配ない。

問6 路面について注意するポイントは？

道の縦断勾配が12%を超える急な道は舗装するほうが長い目で見ればはるかに得である。

路面勾配(縦断勾配)は、排水を基本に考える。水処理とは、凸部(尾根)の路面を低く、凹部(谷)の路面を高く、大きなうねりをつけて、外カーブへ排水すること。

道を開設すると外カーブが多くできるので、それぞれの外カーブで排水する。水を集めて排水すると、その下の斜面が崩れる。排水が堆積土のところに流れ込んだら、厄介なことになる。

問7 横断排水溝が詰まり、詰まった土砂を取り除くのに労力がかかる。どうすればよいか？

人力では大変なのでパワーショベルのバケットの先で土砂を粗に取り、その後人力でさらえている。

昔、私も悩んだ末、湧水部や水抜き溝以外は、特別なところを除いて横断排水溝は全部埋めてしまった。大変楽になった。ただしこれは私の場合だから、条件などを考慮してよく考えて行動してほしい。

問8 いつも水溜まりができる場所がある。通行のたびに水溜まりが大きくなっているが、どのように補修すればよいか？

大きな栗石を入れる。大きい栗石が近くにない場合は、売れない丸太を敷き、土と混ぜる。路面下へ丸太の束を埋設すると水抜きになる。

湧水の場所ならば、直径20～30cmの転石で埋める。水溜まりの場所が、①イノシシのノタ(風呂場)であれば、いくら礫を入れても、またイノシシに掘られるので、穴に石油(イノシシが嫌う匂い)を少し流し込み、礫で埋める。②もし路床の地質による水溜まりと思われる場合は上記のように石で埋める。③または、道に直角に丸太を敷き詰めて砕石を敷く。④1mほどの長さの木杭を縦に打ち並べる(図)。

杭の位置

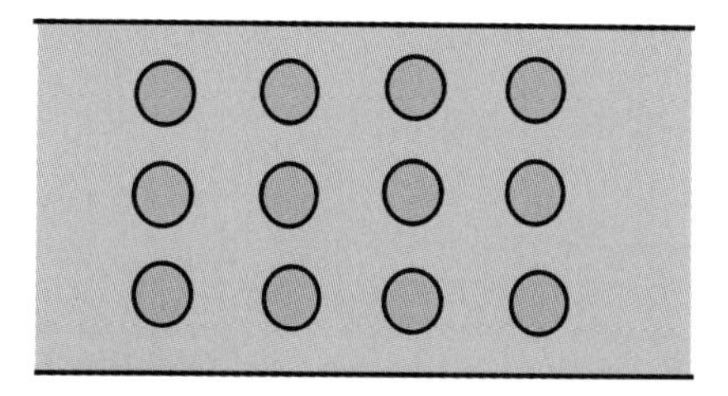

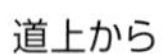

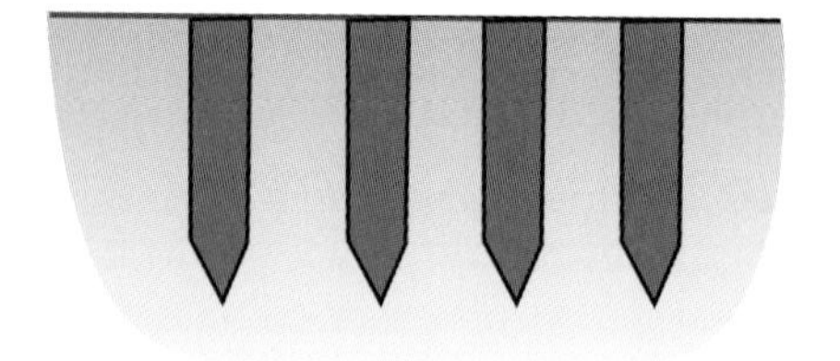

問9 通行しているうちに路肩が下がってきた。どのように修理をしたらよいか？

「余裕路肩」か「車道部の路肩」か分からないが、私の道は余裕路肩だから、その経験で答える。

路肩は固めたが半世紀のうちに、路床の裾から土砂が少しずつ流下したため路肩が下がったものと思われる。程度によっては新たに路面処理工をつくることがある。

私の場合、路肩の補修は丸太杭を路面処理工の下に打込んで丸太で土の代わりをしている(27頁)。沈下するような土質であれば、丸太杭はパワーショベルのバケットで楽に押し込むことができる。バケットで杭を叩くと、パワーショベルのベアリングが割れる。叩くものではない。

問10 路面処理工を入れ替える場合の注意点は？

既設構造物は撤去してはならない。その上に路面処理工をつくる。既設物はできる限り撤去しないのが私の方針。路面処理工の丸太が腐って路肩が少し沈下したら、その上へ丸太を入れて、沈下する元の高さになるまで転圧をする。木が腐ればその部分に割栓を打ち込んで通行している(27頁)(割栓はパワーショベルで圧力をかけると入る)。割栓を打ち込むことは路面をジャッキで盛り上げる作用となる。

問11 轍が深くなってきた路面の補修はどうするか？

轍跡の浮きあがった土は捨てている。浮いた土の上へ礫を入れても無駄。

問12 路面に生えてくる草の処理は？

切取法面の雑草が繁茂し過ぎると、それに気を取られて運転を誤ることがあるので刈る。時期は9月。この頃に刈った草は山火事シーズンまでに溶けて（腐って）しまうので安心。初秋以降に刈れば、刈り取った草が溶けない（腐らない）から掃除しなくてはならない。

問13 切取法面に伸びてくる根は、維持管理に影響を与えることはあるか？

切取法面の根は、そのままにして何も手を加えない。ただし施工中に斜面が崩れて2mを越す高さの裸地ができたら山側へ丸太組（腰留工）をして低木類で緑化する（施肥も行う）。

問14 霜柱による切取法面の崩れは、どのように対応するか？

凍結による切取法面の崩れは自然が教えてくれる（20頁）ので、それに従って丸太組をする。切取法面の凍結の高さは、標高、方向など各種条件によって違ってくる。自然に教えてもらうのが1番よい。

問15 どのくらいの切取法面の崩れが発生したら対応が必要になるか？

土質や植生の状態にもよるが、私は自分の背丈以上の崩れには対応している。

問16 切取法面に、大雨の時いつも水が噴き出す穴がある。どのように対処したらよいか？

水の噴き出す穴には、触らない。路面下へ水抜きを入れ、それでも路面を流れるようであれば、小さな洗い越しをつくる。水の量によっては、安全なところへ誘導排水することもある。クドイようだが切取法面は一切、触ってはいけない。始末がつかないことになる。

水のことは、路線選定の時に観察する。自分が失敗したから身に染みている。法面には触らないこと。

問17 盛土部の維持管理はどのようにすればよいか？

盛土法面の維持管理では、斜面を切り取った土砂を道下の斜面へ捨てると、捨てた土と斜面の土の粒子が異なるから馴染むことはない(堆積土も同じ)。さらに降雨によって、盛土部に荷重が掛かり、そのうえ滑りやすくなって、盛土はもちろんのこと路体まで引きずられて崩壊する。盛土をしてもよいところは、法尻が受けた地形(57頁図「イ」)であり、盛土が絶対崩壊しないと思われる地形であること。法尻には丸太組構造物を入れる。人間の想定など怪しいものだ。

盛土をする下の地形が基本。不安定な所へ盛土すれば必ず沈下する。さんざん失敗してきた。

問18 大雨のときに作業道上を水が走り、いつも同じ箇所で路肩の盛土法面を洗掘してしまう。どのように修理をすればよいか？

これは道の縦断勾配の間違いによる排水が原因だと思う。盛土部の道より上で排水する。盛土部へは絶対に排水しない。尾根部へ排水すれば、この問題は起こらない。外カーブを低く、道幅を広くすれば、自然にこの問題は処理される。

問19 作業道を施工して数年後、路肩部分に亀裂が生じた場合には、どのように修理すればよいか？

亀裂は、盛土によるもので道下の斜面が受けた地形になっていれば、締固めによって修理できる。道下の斜面が直線もしくは逆地形の場合は修理の方法を私は知らない(『写真図解　作業道づくり』全国林業改良普及協会　2007記載の「犬走り」を組むしかないだろう)。

後で修理に難儀するような路線は避ける。大きな修理の大部分が、最初の路線踏査で見逃したところ。踏査は誰でもできるものではない。地元の経験豊かな人に地質を見てもらう(その区域の地質を良く知っているから)。オペレータに同行してもらうと良い。机上論だけでは心許ない。これは私の経験から。

道づくりと水

道が壊れる原因の大部分(地震でも壊れる)には水が絡んでいるので、水のことを中心に思いつくままに書く。

道は大雨で崩壊する

1)道の災害の大部分は大雨による崩壊である。

雨の降り方が変わった

2)「地球温暖化」といわれている。大きな気候変動が始まったのか、私には分からないが、気温が上がれば水蒸気量が増え、地球全体でみれば降雨量は増える。狭い地域で、より強い雨が降りやすくなり、降らない地域の面積は広がっているのは確かなことだ。雨の降り方が変わった。

3)梅雨末期のゲリラ豪雨と台風が連れてくる大雨。この2つの異常雨季に備える必要がある。積雪が溶ける時期と梅雨期が重なれば怖い(最近では「ゲリラ豪雨」とも言われる集中豪雨もある)。

4)災害は、何十年、何百年という周期でやってくるものだという自然への謙虚な姿勢。それは、そこに住み、自然の脅威を経験する生活のなかで培われるものであり、その経験が次の世代へと受け継がれて、初めて維持される。

5)その地域に住み着いてきた古老が、「今まで経験したことのない強度の豪雨」と言えば危険だと思ってもよいだろう。谷の出口の扇状地に住んでいる人は特に注意する必要がある。扇状地は過去の歴史を示している。現在は畑や宅地になっていて分かりにくいが、都道府県の専門職のご指導を仰ぐのがよい。特に山裾に家を建てる場合は注意したい。

土石流の危険性

6)10分間の雨量が10㎜を超すと必ず土石流が発生すると言われている。

7)大雨の終わりごろになって短時間の豪雨があるときは、土石流があると言われている。

8)日本中どこでも、豪雨があれば土石流が発生する可能性があるのではないだろうか。

9)土石流は大きな石礫を集めて、行く先を破壊しながら速い速度で流下する。

10)土砂を含んだ濁り水(土砂・砂礫で比重が大きい)は、その流れの勢いとともに大きな破壊力がある。

11)砂防堰堤の土砂の溜まり具合を見れば、その奥の危険性がよく分かる。

崩れやすい山、崩れにくい山

12)斜面上に段々畑や民家があるところは破砕帯(線)内にあり、地下水位が浅く、湧水があることを示している。その下の斜面の勾配が急なところは無計画に道を計画すれば豪雨時に水が噴き出して崩壊を起こす、14)と同じようなところ。

13)昔から日本人は自然を拝み、必ず山に神様を祀ってきた。それが、いい水が出てくる場所を知ることに繋がった。そういう場所に神社を建てた。

14)「山頂にスギの森が見え、寺や神社がある」「山頂部に湧水がある」「植林木が、よく成長する所」などは断層破砕帯に属し、水の道が走っている。注意して道を計画しなければ、とんでもないことになる。

15)崩れやすい山の斜面の断面は凹型で、立木の成長が下から上までほとんど差がない。

16)崩れにくい山は凸型。下から上までの立木の成長には大きな差がある。

17)皆伐されても、小谷から、今まで通り水が出ていれば、崩れやすい山である。断層破砕線(水の通り道)の影響で、その山の立木が伐採されても谷の水が補給されているのではないだろうか?

18)皆伐されて、今まで出ていた水が止まれば、崩れにくい山である。

19)今まで流れていた谷水が急に止まると、数分後に山崩れがある。

森林に降った水は一時土中に貯蔵され、やがて地下水で流れ去るが、立木があれば徐々に流れ出して人々の役に立つ。しかし、伐採によって土壌がなくなれば水は一時も貯蔵されず急速に下流へ流れて洪水を起こしたり、また渇水を起こす。立木の有無で流水量の違いはあるだろう。山の地質によって「崩れにくい」か「崩れやすい」かの違いはあるだろう。
17)、18)については私の「カン」で見てきたから、詳しく知りたい方は、もっと専門の先生に教えて貰った方が確かだろう。破砕帯のことも絡んでくる。

水の道

20)トンネル内の壁や路面に水が滲んでいるのは、水の道を通っているから。

21)それまで地下に浸みこんで地下水を涵養し、何十年もの年月をかけて徐々に下流へ流れ出ていた水が、道の開設で一挙に噴き出して、斜面崩壊を起こす。

22)斜面の上の地形が緩い、または平坦に近い斜面の下は、豪雨のときに切取法面から地下水が噴き出して、斜面崩壊を起こす。ここには道の計画はしない。

23)水には水の道がある。水が必要とするからこそ、その道を長い年月をかけてつくってきた。それらの水の道が突如として断たれたら……。

維持管理

24)昔の石垣は残っていてもコンクリートで施工した所が崩れている。
25)自然が一定の限度を超えた動きをしたときに本当の技術が分かる。

26)「逆さ間引き」は「皆伐」より始末が悪い。商品価値がある木をすべて伐り、価値のない(金にならない)木ばかりが大きくなればなるほど、その始末に困る。更新するにもやっかいな立木を始末しなければならない。相当費用が要る。目先の利に目がくらむ者も愚かだが、無知につけ込むヤツが一番悪い。

27)拙著(『作業道　路網計画とルート選定』(全国林業改良普及協会 2011))で述べたが、山の道は開設することよりも後々の維持管理が問題で、最初に誤った考え方で道をつくると一生苦しむことになる。

28)道の修理は、旧知識を組み換えて、新しい組み合わせに変えること。

やってはいけない間伐法。伐るべき木が伐られておらず、残された木々の樹冠が大変小さい。このような間引きを「逆さ間引き」と言う。逆さ間引きをするものではない。

商品価値のある木だけを伐り、欠点木ばかりが残る山。「逆さ間引き」である。このように無価値な木でも、相続税評価の際には、「樹齢」が立木評価計算に影響する。再々言うが、利益に目がくらむと取り返しのつかないことになる。よくよく注意しなければならないだろう。

Q&A 道の修理と維持管理編　まとめ

まとめ

■水に配慮した道の計画

29) 水は穴（土が軟らかいところ）があれば必ず、それを満たしてから下へ移動する。人と水は集めると危険。

30) 水の穴の集まった所および、その下には決して道を計画しない。
水の穴は地下水分量の多いことを訴えているから、道の計画はできれば避けてほしい。

31) 水に逆らったり、下手な水対策の工事をやったりすると、逆に水の勢いが強くなったり、とんでもない所で大被害を受ける。そこで水を無抵抗な状態において、ゆったりと遊ばせる。水を避ける。

32) 山に降った雨は、重力によって下方に移動する。だから渓谷沿いの道の斜面には、すでにたっぷりと水分が含まれており、豪雨時には切取法面から水が噴き出す（地下水路が浅い）。水を流す小谷が多い。

33) さらに渓谷沿いの道は、豪雨により水位が上がった濁流が道下斜面を流して崩壊する。濁流の流れる方向によっては、斜面を直撃することになり、道の崩壊は免れることはできない。道は斜面の勾配変わりの上に計画したい。

34) 路面を流れる雨水は、分散排水するより他にないように思う。山側を流れるような横断勾配にすると（路面の山側を下げると）、切取法面が削られて山を崩す。

以上

「知る」と「分かる」は違う。
「知る」とは、聞いたり、本を読んで知ること。
「分かる」とは、実践して身体で「分かった」こと。
「知る」とは平面上のこと、立体的世界がある。

釈迦に説法を言って「ごめんなさい」

道づくり診断 編

- ルート診断
- 道づくりの施工診断

ルート診断事例

これまでに日本各地で路網を計画し、ルート選定を行ってきた。私は資料（地形図、森林基本図、空中写真など）を基に危険な箇所を探し出し、これを避けたゾーンを得心するまで歩き回って計画するようにしてきた。開設費よりも補修費の方が高くつくからである。その現場経験から、山には作業道を通してはいけない場所、ルート選定で避けなければならない場所が数多くあることを学んできた。

作業道づくりでは、ルート選定が重要である。ルート選定を誤って道を崩してしまうと補修することはできない。

見るべき主なポイントとして、地形、地質、斜面の状態（破砕、水分の状態）がある。

山の道は開設することより、後々の維持管理が問題で、道が安定するまでがひと苦労である。路網開設（拡幅）が計画されている実際の山で、その後の維持管理を考えながら、ルート診断を行いたい。

ルート診断事例①―カーブの法面

ピンクテープのマーク（矢印↓）が、計画されている路網の道幅のセンター位置になるのだという。写真奥のカーブ辺りの法面は危ない。谷部の上の斜面がそげている（囲んだところ）。このまま道にすれば、凹地で道の位置が低いので、路面の水が内カーブの下へ流れ込み、道下の崩壊地が拡大され開設した道も流される。盛土もしくは路線を見直すことだろう。丸太組で谷側を固めて残土で盛土をして道幅を確保したい。できればルートはこの踏査地点よりももっと上に計画したらどうだろう？

カーブの位置の拡大写真。多くの水の穴が見える（囲んだところ）。この斜面を削ると土砂が崩れてくると思われる。斜面を削らずに谷側に盛土して道を開設したほうがよい。
ここは難しい。斜面にたくさん穴がある。ここは凹地だから現在の歩道の真ん中辺りから２段ほど丸太組をし、盛り土して道を上げるしか考えられない。

ルート診断事例②―山側の切り取り

道のセンターのマークが斜面の下に付けられているが、安易に山側へ削り込むと崩れる怖い箇所である。谷側の立木を杭代わりにして太い丸太を入れて、路面高さまで丸太組をして道の拡幅したい。

水の穴がたくさん見られる（囲んだところ）。ここを削ると崩れる。
路線を変えることを勧める。例え施工を工夫して無理に道を開設したとしても先々が思いやられる。

ルート診断事例③―斜面の形状

「傾斜も急でない」と思って開設すれば、色が違う土の層が見られる。計画は地表をよく見て危険なところを避けて計画する。計画路線の山側をあらためて見ると、斜面の傾斜は緩いがここにも水の穴がたくさん見える。新たなルートで計画することができるのならば、斜面の上に開設したほうが安全である。

この斜面にも道が計画されているが、斜面には水の穴が多く、非常に不安定な箇所である。避けた方が賢明。このままで道を開設すれば必ず崩壊する。丸太組構造物を設置するなどして、施工には十分注意したい。

ルート診断事例④―法面の水分状態

計画路線の上の斜面には、水の穴がたくさん空いている（囲んだところ）。水は勾配が急になった斜面の下から噴出する。ピンクテープのマーク（矢印↓）が計画路線の道幅センター位置。この道をどうしても広げなければならないのならば、路肩に丸太組で盛土にしたほうがよい。盛土は尾根から土を運ぶ。ここも道を新たに計画することができるのならば、斜面の上に開設したほうが安全である。

上の写真の赤枠を拡大。この歩道の奥は崩壊している（立木が横になっているところ）稜線を見ると勾配が変わっている。ピンクテープのマーク（矢印↓）が計画路線の道幅センター位置。そこから山側は、写真の色が濃く水分が多いところ（囲んだ部分）。山側を削った場合には、必ず切取法面に裏留工を行いたい。ここに道を開設するなら、道は当然、左へ振れる。よって、矢印のところは盛土にしなければならない。

注意したいポイント

よほど山をよく見て、ルート選定をしなければ、開設後に補修が必要になり、さらには道が崩壊したり、崩壊が引き金となり災害が発生したりと、大変なことが起こる可能性がある。ルート選定で避けるべきポイントを上げておきたい。

注意したいポイント①—地質

火山灰と礫混じりの斜面。勾配が緩くても道の計画はできない。

注意したいポイント②—「崩壊のたまご」

「崩壊のたまご」のような場所（囲んだところ）。このようなところを削ると怖い。斜面の上のタナに道を開設したい。

注意したいポイント③—破砕礫

破砕礫の法面。大変不安定なところ。道の開設は避けたい。

注意したいポイント④―破砕地

破砕地。濃い模様のところが水分の多い場所。地表にはいろいろな模様が見られるが、これは破砕線を表している。

囲んだところが水分の多い箇所。

注意したいポイント⑤―水分

スギの幹に白いコケがある。空気中の湿度が高く、地中水分も多い。ただ白いコケは、水に浸かるような場所ではないことを示している。

ルート選定の失敗例―地形・地質

ルート選定を誤り、道を崩してしまった例を紹介する。このようになると補修することはできない。ルートは計画時に十分に検討したい。

ルート選定の失敗例―地形・地質

ルート選定は、道づくりがうまくいくかどうかの９割以上を占めていると思う。ルート選定を見誤って施工し、失敗した場合には道の修復はできない。急峻な凹地には道を計画してはならない。後々の修理もできない。できないことは、できない。他に通るところがなかったのだろうか？目先のことだけしかわからなかったのだろうか？

道下が不安定。「そのとき通るだけ」の気持ちで開設したのだろうか？　道下が安定したところへルートを計画しなければならない。

道を開設したために斜面ごと崩壊している。道を開設してはいけない地質、地形のところがある。

急傾斜地に開設し、崩壊した道。このような急斜面に道を計画してはいけない。

傾斜がきつく、もろい地質の斜面に開設され、崩れた道。

大変危険。地形、地形を考えて道を計画したい。

ルート選定の失敗例—川沿いの道

豪雨で水かさが増したときに、水に洗われる地域は当然避けなければならない。つまり川の領域（縄張り・勢力が及ぶ範囲）を犯してはいけない。川沿いに道を付けなければならない場合は多いが、できれば常水の水面より相当高い位置に計画するほうが良い。なお、谷筋は溜り土のところが多いので、そこを削れば大きな崩壊を引き起こすことになる。堆積土のところは横から見れば斜面が削げた形をしている。

川沿いのどこに道をつくるのか

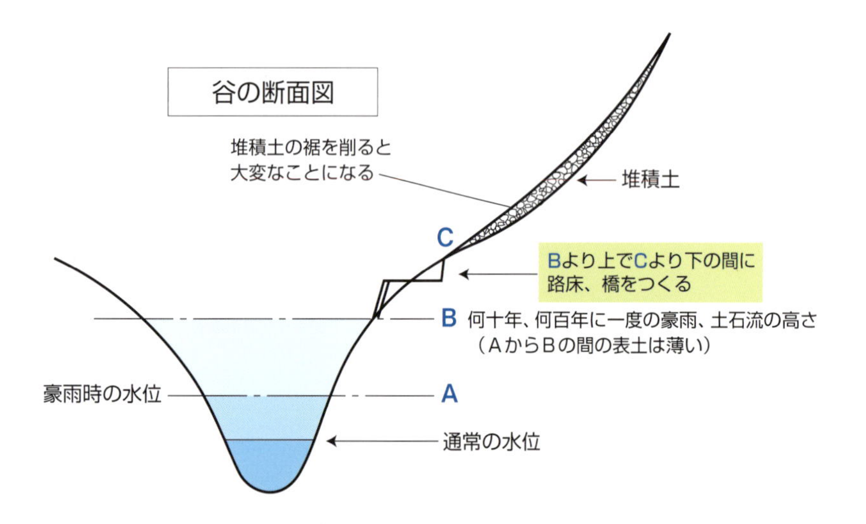

豪雨で水かさが増したときに水に洗われるところには路網を計画してはならない。堆積土という虎の尾を踏まずに川の流れよりも相当高い位置に計画しなければならない。コケや立木の状態をよく観察する。

ルートを計画できない箇所

豪雨で水かさが増し、溜まり土が流され、地山（黒っぽい岩）が露出した箇所。このような箇所には計画できない。

ルート診断事例①―川沿いの道

大雨が降って道が川になった。川沿いの道は豪雨で水かさが増したときに、水で洗われる地域は避けなければばらない。

ルート診断事例②―川の縄張り

印(●)から下は川の縄張りである。印から下の斜面は昔の大水で流されたため、斜面勾配が変わっている。

道の縦断勾配

日本列島の山々は急峻で地形、地質ともに複雑である。その上に地震が多い。気象条件は梅雨期と台風期の２度の雨季がある。さらに近年は気象が変わり、短時間の豪雨が多くなったように思う。このような短時間の豪雨に遭えば、やみくもに急傾斜地へ開設した作業道はひとたまりもなく崩壊してしまうだろう。

路面の水は一所に集まらないように分散して排水する。そのためには路面の縦断勾配の上げ、下げが有効である（74頁の図）。路面縦断勾配の調整によって、凸部（尾根）および水の流れている谷（川）へ排水するようにする。ここでは道の縦断勾配に注目して診断したい。

施工診断事例①―水を凹地に集めない

道が原因で斜面崩壊。写真を見ると林内の凹部は、すでに掘れて水の流れた跡（点線）が見られるにもかかわらず凹部へ水を流し、斜面の凹地で道の縦断勾配も下げているため、路面の水も斜面に流れて崩壊したと考えられる。道が原因となった斜面崩壊は多い。ここでは修理が大変だから、写真の線上へ新たに道を開設した方が安心である。

施工診断事例②―凹地での道の勾配

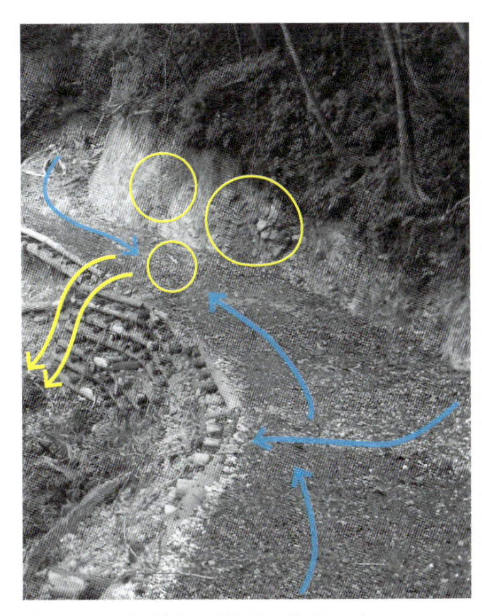

この道の奥は上り勾配、手前も上がっている勾配で、双方からの水が印の場所に集まった(囲んだところ)。おまけに右側の切取法面の水の穴から噴き出した水も加わって、矢印の位置から斜面を流下したため丸太組が流出した。丸太組構造物へ水を誘導してはいけない。

施工診断事例③―凹地での道の勾配

道が原因となった斜面崩壊。路面勾配から見て路面の水が左右から集まり、斜面を流れ崩壊したものと思われる。写真左下には下の道の切取法面が見えている。このように上の道と下の道の間隔が近すぎ、その間の斜面が抜けてしまった。なお、斜面勾配がこのように急なところに計画するものではない。

道の横断勾配

降雨を路面のその場で排水するために、路面全体を通行に支障が出ない程度に少し谷側に傾ける場合がある。ここでは事例から道の横断勾配について診断する。

施工診断事例④─道の山側が低い

豪雨時に路面の水でえぐられた切取法面。道の横断勾配の山側が低くなっている。山側が低いと路面の水は切取法面に集まって流下してしまう。路面勾配を、なぜにこれほど傾けなければならないのか。何を考えてこのようにしたのか？　トラックに丸太を積んで走れるだろうか？

豪雨で小谷からあふれた土砂が道を覆っている。道の横断勾配の山側が低いため、上からの水に右側の谷からの水が加わった大量の水を凹地へ排水する形になっている。また右の谷に構造物をつくらなければならない。写真奥の方向にも土砂が押し流されている。矢印のところ（外カーブ）で排水できるように道を改良したい。

道づくりの施工診断

道の間隔

斜面に開設した道の間隔が近ければ搬出には有利に思えるが、近すぎると斜面の底が抜け、崩壊の原因となる。

施工診断事例⑤―道の間隔が近すぎる

道から崩壊した斜面。すぐ下に下の道(車)が見える。これでは上下の道の間隔が近過ぎる。安全なところ(黄色の線)まで下がって、新たに道幅を確保したい。

施工診断事例⑥―道の間隔を開ける工夫

これは上のヘアピンカーブから俯瞰した写真。同一斜面へ2つのヘアピンカーブはできないので、橋を2つつくって対岸にヘアピンカーブ設けた。

危険な施工事例—凹地の高密な道

斜面の凹地には土が溜まっており、また水が集まるために、道の開設には十分な注意が必要である。凹地には高密な道(集材路)を開設することはできない。崩壊の危険性大である。皆伐木の集材目的だろうが、凹地でこんなことをするものではない。

危険な施工事例①—凹地の高密な道

左の写真を拡大。すでに崩壊がはじまっている。この凹地は皆伐跡と思われる。「あとは野となれ山となれ」で、集材路を開設したのではないだろうか?

凹地に高密な道(集材路)が開設されている。道の間隔が近く、斜面崩壊が起こりやすい。

皆伐跡地と思われる凹地の斜面に高密の道を開設し、中央に断層破砕線が上下に通っている(黄色のラインは破砕線。囲んだところは水の穴)。豪雨時に崩壊の恐れがあるのではと心配する。最近、これが各地で多く見られる。もしこれが住宅地の裏山だったらと思うと背筋が寒くなる。

危険な施工事例—丸太組

丸太組構造物は、決してコンクリートブロック積みのように勾配を急に、また高く積むものではない。そして年数の経過によって自然の法面に戻すための構造物である。

ここでは事例から丸太組の構造、設置場所について診断したい。

危険な施工事例②—丸太の基礎がない

崩壊地を渡るのに、下の地形には関係なく路面だけ丸太を渡してつくった道。元から底（地面）がない丸太組。丸太組の基礎（丸太）はしっかりと設置したい。穴の空いたポケットにコインを詰めて走ってきたら何もなくなっているのと同じように、丸太組は基礎が肝心。底の抜けた道など通れない。

危険な施工事例③—横木が短すぎる

崩れた丸太組。法面に差し込む横木が短すぎる。これでは丸太組が保たない。

危険な施工事例④—丸太組

内カーブに水が溜まり、キャタピラで路面が掘られている。常時水が溜まっている。底が抜け、深層崩壊に繋がる可能性もある。尾根部が高くて谷部が低い道。豪雨時、上からも道の前後からも谷部へ水が集まる。深層崩壊はこうして起こる。

路側の丸太がワイヤーで支えられている。ワイヤーは細い鋼線をよってつくられたものである。命綱のワイヤーが切れたら大事故につながる。危険。

危険な施工事例⑤—丸太組を立木で支える

組み上げた丸太組が反り返っている。危ない。また丸太組は最終的には自然の法面に帰す工法。立木で丸太組を支えると、丸太が朽ちたときに道は崩れる。もう、すでに路肩が沈下している。立木が自然災害（台風など）で倒れた時、道はなくなる。

切取・盛土の処理

山腹崩壊の原因はいろいろあるが、原因として道の開設時の切取法高が高いことが多い。また、道下に切取土砂を置く場合には、斜面丸太組の底をしっかりさせることと、盛土の転圧が必要である。ここでは、切取土砂の処理について診断する。

施工診断事例①―切取高1

堆積土の切取斜面が高すぎたため、土砂が崩れてきた。堆積土の斜面は削げており(下図)、堆積土の裾を削ってしまうと、地形によっては膨大な量の土砂が滑落してきて、路床および道下の斜面まで崩壊させる。計画に際しては十分な調査が不可欠である。堆積土のところは礫などいろいろなものが混ざっており、層になっていない(安定していない)。

堆積土の切取は絶対禁止

堆積土の部分Ⓑと地山Ⓒ～Ⓔとは、縁が切れており、その間に水が通る。

Ⓓの部分を拡大したⒻに見られるように、少し盛り上がった状態のものは、大変危険。大きな崩壊を伴う。

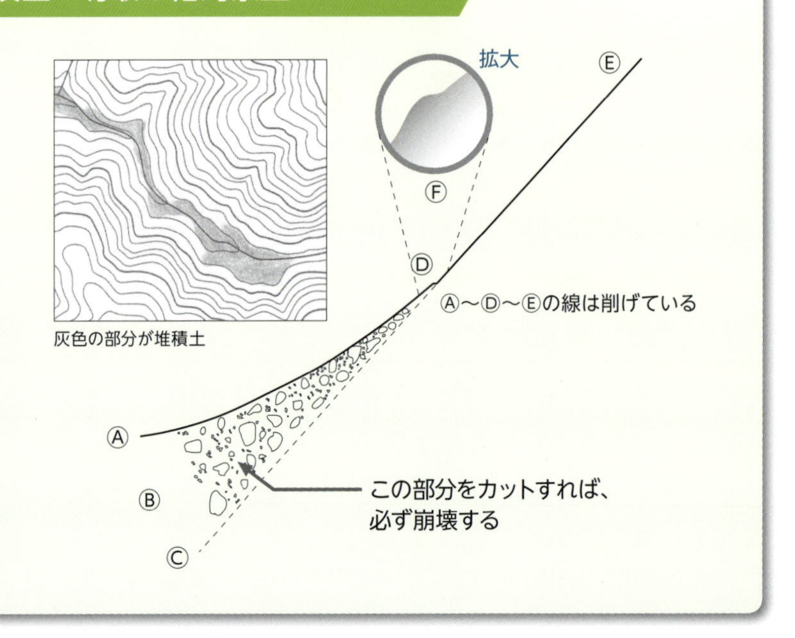

施工診断事例②―切取高２

堆積土のところを、こんなに高く法切すると、いつまでも崩れてくる。何のための道だろうか？

重大な路線計画の誤り。道下への盛土で地割れした道。道をつくったことが大きな損害をもたらした。路線を変えて廃道にしたほうがよい。道幅の半分以上の地割れの補修方法は知らない。高密林内路網の道は切取道（切取幅1.5ｍまで・木馬道の拡幅道）で盛土の道ではない。切取った土砂を道下へ捨てたり盛土に使っているようだが、道下へ捨てた土や盛土に使った土と元の地山の土とは溶け合わない（粒子の違い、地下水その他）。ちょうど基岩と堆積土との関係のようなもので、降雨で盛土が重たくなったら下へずり落ちる。

施工診断事例③—盛土と地割れ

道下へ切取土砂を移動させただけでつくった道では、雨の重みで地割れしてしまう。丸太垣などで土の動きが止められるわけはない。甘く考えたらいけない。小丸太の柵で土砂を防げるほど甘くはない。大損する。

小丸太の柵で、この盛土の崩れは止められない。

私の林業人生から伝えたい
林業の本質と心得 編

- 道づくりの心得
- 道の修理の心得
- 林業経営の心得

大橋山のこれまで

道づくりの心得

大橋山のこれまでを道づくりとその補修をポイントにして、振り返った。１つでも間に合うようなことがあれば嬉しい。

粗道―４尺道を開設してみて

４尺道（道幅４尺の道）は、木馬道*が源だから、横に長く、道の勾配を緩やかに、しかも移動させる土砂が少ないところに開設し、なければならない。そのためには、大昔、変動によって出来たと思われる「タナ地形」（少し平坦になった地形がベルト状に続いている地形）を探し出すことが基本中の基本で、そのために林内を這い回って探す仕事が続いた（夏はマムシ・ハチ・ウルシなどで危険なだけでなく草が繁茂して困難なため、冬季の仕事だった）。このとき這いずりまわったことで自然から地形を教わった（現地踏査については、拙著『作業道路網計画とルート選定』全国林業改良普及協会2011に譲る）。

昔（昭和20年代）は人力が道づくりの主で、開設しやすいこと、修繕の要らないことが要件だった。

４尺道を開設することで、その切取法面がよく分かり、後で道を拡幅するときの参考になった。今でも「粗道」（今は有効幅員2.0ｍ）の大切さが身に染みている。

自然のことを人間が机上でわかると思うのはおごりにほかならない。自分の足で何度も歩いて、見て、そして路面を流れる雨水の状態や、危険な部分が時間の経過とともに分かった。このようにして安定した道になることを学んだ。

また、これらの４尺道は、山林の斜面に敷設する段数が多いほど便利なことも分かった。これが高密林内路網の原型である。これらの道（支線）を貫く、少し幅の広い道（幹線）のセットが草木の葉脈のようで、実際に仕事をしてみて、自然の仕組みの偉大さに感服した。これからは自然の掟に従うことに決めた。

トラクターショベルが入ってから道づくりが一変した。ショベルで土をすくって路肩の弱い部分へ土砂を移動して転圧する。これを繰り返すことで盛土法面は転圧によって横へせり出した圧縮された土の層の連続になり、完全な法面になった。掘った土を盛土法面に流した（盛った）だけではない。このようにすれば道の切り取りによる土砂は余らずに、むしろ不足した。

後で軟弱な路面が沈下したり、ぬかるんでは困るので、尾根の表土下の礫層をすくって、谷部や凹部の軟弱な路床へ運搬、敷き固めをした（開設時ならば礫を敷き固めるための礫代金や下からの運搬賃が不要。また重機を回送するムダもない。礫を採取した跡地は整地して車のＵターン場所にした）。

*木馬道…木馬とは、材木を積載して運ぶソリ状の運搬具。路面に敷いた盤木という枕木状の丸太を並べ、その上に木馬を載せて人間が引く。木馬道とは、そのために使う道。木馬道では、道に格上げしたときの路面縦断勾配やヘアピンカーブの回転半径などまでは、考えていなかった。

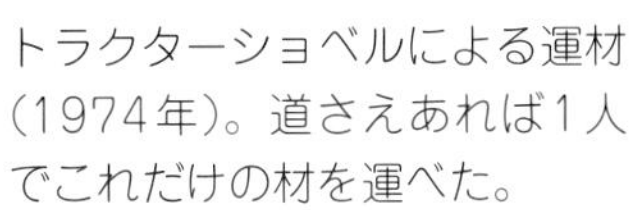
トラクターショベルによる運材（1974年）。道さえあれば1人でこれだけの材を運べた。

道を開設すると

道をつけて初めてわかったことだが、道がダムのような働きをするのだろう。降雨を有効に利用するだけでなく、大切な表土の流失も防いでくれるので、道下の乾燥地を好む下草や潅木が徐々に水分を好むものと交代し、それにつれて林木の成長も、目に見えて良くなった。私どものような林地では画期的なことだった。

今また歩道を付けている。便利だけを追求したものではない。木が大きくなると多くの水分を必要とする。降雨を無駄にはできない。

扇状地には注意

扇状地は過去に、そうあったように、今後も土石流や突発的な洪水が発生する危険性がある。できれば扇状地の奥の山の路網は遠慮したほうがよい。

「タナ地形」に道を開設する

タナ地形は変動によって生じたタナなら安心できる。ただし、タナの端から2.0 mには道の開設は避ける。硬岩と軟岩の層からできた「タナもどき」は、道には不向き。

「見る」のが１番

山で働く身には、観察するのが１番条件に合っていた。見ることで多くの情報が瞬時に捉えられる。相手を見ないで、話もせずに写真と経歴書だけで人を採用したり配偶者を決めたりできないのと同じ。

水の処理方法

水というものは低いほうへ流れてゆくのが常識だが、何かがあると、それは違ってくる。自然というものは人間の知恵でわかるものではない。思いついたままに書いてみる。

①内カーブには地下水が多い（縦断勾配設計で凹んでいなくても「水抜き」をつくり、路肩を舗装または敷鉄板で補強している）。

②表流水の多くは崖錐部で伏流するので地すべりが発生しやすい。

③排水は外カーブへするもの（尾根部を低くして排水し、凹部を高くして、路面の降雨を左右の尾根部に流して排水する）。

④水は水の思うように流れる。それをみて（水が流れた跡をみて）より流れやすくしてやる。自我を出して横断排水溝をつくるのは、あまり賢いことではない。

⑤集水面積に比べて湧水量が多いのは、断層破砕線から流れてきたもので、その流下場所が安全な場所でなければならない。路床に悪影響がないところへ誘導する(沢など)。梅雨の長雨と梅雨末期の豪雨とが重なり、また緯度の高いところでは積雪が溶けた水も一緒になるから、大量の水となり、道は崩れる。緯度、標高が高く、稜線勾配が緩やかなところからの勾配変わりの少し上、および、その下が流される。
⑥短時間に多量の雨が降れば怖い。平均的に降ってくれたらまだ助かる。
⑦堆積土のところへ排水するな。崩壊する。

山や道を知らない人の空論に迷惑する

支線の排水だが、私は数十年尾根部に排水している。「尾根部に排水すると危険だ！」との論説を読んだが、中腹斜面を横切る道(主として支線)では、凸部は沢山あって、その間隔は非常に短い。しかも支線の縦断勾配はほぼ水平で、分散排水させれば何の問題も起っていない。都合の良い距離に常水の川があるはずはなく、一体どこへ排水したらよいのだろうか。こんな口先だけの論が林家を惑わす。

正しい方法を教えてから言うものではないだろうか。現実はそんな机上の空論のようにはできていない。

大雨で路面が少し荒れたとき

大雨のあと、少し掘れた道筋が本当の水の道筋だろう、下手に手を加えると、とんだところへ反動が行く。水の気の向くままに行かせる。その流れに沿って排水すると、水は水の好きなように行く。横断溝をつくって正面衝突するのは下策だと知った。ただし、流末処理を忘れないように。

川と水、道の計画

①川の流心が道下の斜面に接触するような道を計画すると、豪雨で川が増水し道は崩れる。
②川より相当高いところ(斜面勾配が３段階ほど変わったところ)に道を計画する。
③道上の小谷の水を十分に配慮した排水が要る(降雨は、重力によって下るから川に近くなると地中水分量は当然多くなる)。小谷も同じで、多くの小谷をあわせた谷が計画道に接するところでは、豪雨時には相当量の水量になるので、橋、洗い越しや、道下に入れるコルゲート管(十分な内径1.5～2.0m。人が掃除に入れるほど)には余裕がほしい。路面上の排水構だけで処理できる問題ではない。排水のための構造物は集水面積などから計算して設計してほしい。
④できれば谷落部より上に計画したい。
⑤道の切取法面の裾を水が流れて削り取るようなことがあってはならない。
⑥小谷の多い(シワの多いところは断層による変化)ところは水が多いので、できれば道を計画しない。小谷のジメジメしたところは危険で計画できない。シワ寄せされたところ。
⑦緩い地形の下の急な斜面は、大雨のときに水を噴き出す。
⑧谷沿いの道を計画するときは、川の主権の及ぶ範囲を犯さないこと。

山の麓は重力によって集まった地下水分が多い。それに豪雨が加われば緩やかな地形の下かた水が噴出する。写真は自然に水が噴いてできた小崩壊。

丸太組構造物

これについては、多く書いてきた。時が経ち、修理の時の事を考えて積みたいものだ。丸太が腐って法面が崩れても路床が保っている組み方が基本(14頁)だが、まだ各地では丸太が腐ると路床も崩れてしまう丸太の積み方が多い。

道の開設当初に防腐剤を塗った丸太による丸太組構造物は、今日でも健在でその働きをしている。また斜面によっては丸太組に植物の根系が自然に入り込み、地表が網状に植物で覆われ、自然の斜面にもなっている。丸太がしっかりと残っている前者は防腐剤と積み方の基本に則っているからで、斜面が植物で覆われているのは施肥の効果によるものである。何もしないと10年ほどで丸太は腐る。

谷筋道と尾根道

谷筋と尾根に開設した道を比較してみる。

谷筋道

①見通しが利かない。携帯電話が繋がらない(非常時に連絡できない)。
②豪雨などで道が潰れる。
③草木が、ひどく繁茂して通れなくなる。
④急峻で工事費が高くつく。
⑤落石、落木の危険がある。
⑥山に降った雨の水は、下へ流れて行く。谷筋の道は、豪雨時に切取法面に大きい力が掛かる(多くの地下水の圧力に耐えなければならない)。法面が崩壊しないように施工しなければならず、ノウハウも知っていなければならないので多額の工事費が要る(地下水脈が深いところに開設しなければならない)。

尾根道

①見通しが利いて遠くまで見渡すことができる。携帯電話が通じる。
②土質が堅く、土砂の移動だけで開設でき、その修理費も、ほとんど掛からない。年数を経ても土は劣化しない。ほとんど修理が要らない。
③降雨によって道は潰れない。道に集まってくる水の量は谷筋に比べて著しく少ない。
④草木の丈が低いので通りやすい。
⑤多くは一直線に近い道なので短距離で行ける。
⑥林木の生産性が低い。

⑦道の開設による林地損失が少ない。

以上のような違いがある。

尾根・定積土部・タナをつかった路網計画

定積土部分に開設した道は、いつまでも使える。

これら（尾根道）を活用できる山の割合は、平均して75%ほどで、残りの急峻な谷落ち部は軽自動車が通行できる程度でよい。出材は架線を併用しても、これは上げ荷だからエンドレス索は不要なので、大層簡単になる。

仮に道が開設できないと思うような急峻地であっても道は要る。なぜなら、架線集材を行うとしても、諸道具は必要で、それを人が担いで上がらなければならないとしたら、将来そんな重労働をする人がいるだろうか。やはり最低道幅２mの道は欲しい。

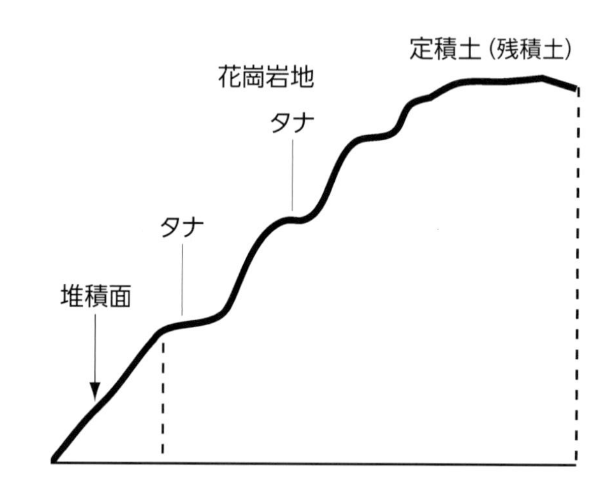

花崗岩が風化した山は、土砂の堆積面（たまり土のところ）が少なく、定積土のところが多い。また「タナ」が多い

大橋山のこれまで

道の修理の心得

常に修理してこそ

「道の完成は修理のはじまり。」50年ほど、修理の連続だった。土石流にも遭った。たどり着いたのは、修理資材はできるだけ手近にあるもの、タダのものを利用することだった（石垣の石、丸太組の丸太、路面安定の礫、排水拡散の末木や枝の利用）。

資材購入費、運賃、重機回送費などなどのムダを省いた。これができたので今でも支障なく通行することができる。

道を開設して通っているうちに「走り難いところ」「降雨で路面にスジが入ったところ」「増水して道が浸かるところ」などなど、いろんな欠点に気付く。計画のときには、とても分からなかったことだ。それらを「芽のうちに」繕い続けるのが高密路網で、常に走り回ることと思っている。

水が道を壊す

地球温暖化時代か、小氷期時代かは知らないが、国連の気候変動に関する政府間パネルの報告書には、「気温が上がれば水蒸気が増え、降雨量は増える。しかし狭い地域で、より強い雨が降りやすくなり、降らない地域の面積は広がる」とある。

自然は常に動いている

災害は何十年、何百年という周期で、やってくるものという自然の恐ろしさは、その地で生活してこそ身にしみるもので、その経験が次の世代へと語り継がれてこそ、自然への謙虚な姿勢が維持される。

しかしながら、昔の教訓もそれを受け継ぐべき若い世代がいなかったらどうだろう。残っている若者の自然との関わりが薄らいでしまっていれば、無計画な道の計画が行われ、災害が誘発されるのではないだろうか。

災害の被害を受けない路線計画を

自然災害は周期的にやってくると言われているが、今後はもっと頻繁に、従来の想定をはるかに超えた勢力の台風が来る可能性がある。それでも壊滅的な被害を受ける路線計画・構造ではなく、被害前の90%ほどの機能が働くように、また簡易な修理ができるような構造の道でありたい。

修理より予防

設計が基本。

人間と同じで「早期発見、早期治療」。道を計画するとき「排水」を条件にすべきだろう。「コスト」より大切だと思う。

降雨によって土が流される

山に降った雨は重力によって下方へ移動する。だから渓谷沿いの道の斜面は、すでにたっぷりと水分を含んでおり、豪雨時には切取法面から水が噴き出す(地下水路が浅い)。水を流す小谷も多い。

一方、道下は、豪雨により水位が上がった濁流が道下の斜面を流して崩す。

安定した地層では、森林に降った雨は、地下水として流れる。急傾斜地では、水は斜面を下降するにつれて集まり、流速は加速され、土の浸食は極度に大きくなり、「斜面崩壊」時には「土石流」などで森林の上砂が多量に運び去られる。道を計画するとき1番難儀するのがこの谷落部であり、土の含水率が高いので排水に注意している。谷落部が急峻なのは崩壊が繰り返されてきたことを表している。

水の道・水分量を地形図で見る

地形図上に、水分の多いところを濃く示した。地下水は重力によって下へ降り、渓谷へと流れ込むから、道は渓谷より標高の高いところへ計画したい。低いと豪雨時に切取法面から水が噴き出す(図は他人山)。

雨後に高密路網を見て、記録する(私の場合)

雨のあと路面には水が流れた筋が見られる。さっそく小型パワーショベルに乗って走ってみる。

①まず、水の源に溜まっている土砂をバケットで取り除き、水を流れやすくする。

②路面を流れた水が道下へ流れ落ちた部分を見て、路肩が崩れていたり、その下の地表に凹みがあれば、丸太組構造物を入れ、間伐木の残材、枝条などで補修をする。

③流れた水が外カーブへ流れるように路面を捻じれた構造にすればよかったと反省して、ノートに記す(感じたことは書き留めておく。それらを見て拙本を書いてきた。これも同じ)。

土留工をつくる

昔、開設した支線の道幅は2.3mあったが、今見ると2.0m以下になっているところも見られる。山は常に動いている。豪雨では法上の土が流されて道上に落ちる。

冬季には、切取法面が凍結し、春に溶けて土砂とともに落ちている。トラックが通行できない。早速、道下の立木の株を支えに丸太を水平に土留工を作り、そこへ道上の余分な土を排土する(路肩から止めまでの盛土の勾配を1：1.5以上に緩くする)。

写真手前の路肩には路体を守るための立木がないので、路体を道下に丸太組構造物をつくることで強固にしたい。路肩の下方の立木を支えにして、「犬走り」(丸太組)を高さ60㎝ほど組んで、道上の余分な土で埋めると半永久的な路体になる。

修理材料

修理材料の基本は、修理箇所近辺のモノを使う。金を出して、わざわざ現場まで運び上げるような無駄は、褒められた行為ではない。土は劣化することはない。丸太も土中に埋めたり、水中で使ったり、防腐剤を塗ると腐りにくい。

このことから、搬出すれば赤字になるような丸太(末木、曲り木、傷木など)は修理資材にするため山へ残しておくものだ。

補修—路肩に構造物があるところ

常水の無い凹地などは、開設時に丸太組構造物で路肩を補強して開設した。その構造物の根(基礎丸太)が見えるほど土が流されたところは、先と同じように土留工をつくり山側の土で道下を埋めて構造物を安定させている。凹部は間伐木の残木や枝が多く、それらを使うから、思うほど手間がかからない。

少しずつ補修する

このようにして毎年少しずつ補修をしてきたので半世紀以上丸太を積んで走行している。1度に修理すると多額の費用が要る。その年の晩秋から間伐木を出すので、それに合わせて道を修理している。

人間でも高齢化すれば医療費がかさむことになってしまうように、山の道も同じ。これも私の後始末(やってみて、見せて覚えさせる)。

ここは典型的な支線。これで十分。これ以上道幅が広いと修理に金がかかる。2～3年ごとに、法面から落ちて積もった土砂を重機の排土板で削ってならして、路面横断勾配を4～5%に傾けた。これで支線を数十年間維持してきた。

補修─構造物が腐ったところ

細い丸太で組んだ古い構造物の、腐った部分、緩んだ部分を補修しなければならないこともある。取り壊して新たに組み直すことはない。腐った部分は、そこだけ切り除いて、山砂とセメントを混ぜた土のうを押し込む。山砂は現場にあり、コンクリートは水で練らずとも空気中の水分で、固まる(28頁)。強度は少し劣るが、すべてパワーショベルのバケットの先で混ぜて使ってきた。私の道の程度なら支障はない。見ればわかる。(ただし路面舗装はより強度が要るため、生コンクリートを使った)。

緩んだ丸太組構造物は、適当な太さの木杭を横木に打込むことで補強することができる。その下へ土留工をつくって(土のうでもよい)、切取法面の余分な土で埋めている(27頁)。

先にも述べたが、資材は現場調達を第一にしたい

①資材を買うことが要らない

②運搬する費用が要らない

修理用のスギ丸太は、必要量を見積もって事前に樹皮を剥いて立ち枯らせておく。

路面の安定

土は老朽化しないので、できるだけその場の土砂を使う工夫をしている。買った砕石を使う場合にも、木の搬出のために上る空車には下の土場から砕石を積んで運び、敷き固めた(トラクターショベルを木出しに使っていたので、簡単に砕石を路面に均せた)。20,000mほどの支線(未舗装)は、その層が厚さ30cmほど貯まった。無駄を省き、時間をかけると、大概のことはできるものを知った(花崗岩風化の山は礫が少ない。しかし尾根部の底には路面に使える粗い砂がでる。道に使える)。

もっと土と転石や山砂を使ったらどうだろう(私は使った)。現場にある。

山から丸太を運んで、再度積みに行くときに空車で上るのは無駄だから、小栗石を土場で軽く積んで、路面の凹んだところに撒いていた。土場には常に小栗石を用意していた。

路面の修理は堅いところを基準にする

路網の路面の修理は、堅い(安定した)所を基準にしている。不安定な(柔らかな)部分を固めるのが基本。安定している部分を壊して一様に均しては大変なことになる。例えば支線には砕石が敷き固められている。その路面上に、切取法面または、その上から路面に落ちた土砂を取り除くときには、落ちた土だけ取り除く。安定している層までは取らない理由と同じ。

湧水などで、道がぬかるんでどうにもならないところは、丸木を道に直角に敷き並べて通っている。

渓谷の増水と道

川に近いところに計画するときは、濁流に注意しなければならない。普通の水量では判断できないだろうが、恐いのは「濁り水」。大きな破壊力がある。降雨は、山の斜面や地下水路などを通って川へ入る。重力で山の下へ集まっていく。

川の流れを見て道を計画する

川は蛇行しているのが普通だから、斜面に突き当たるところの水量は植生を見ればわかる。岩が剥きだしになっているところは、以前にも当たられていることを示している。濁流で増水した水が斜面を削って崩壊させるので道が潰れ、時には護岸の石垣も底がえぐられる。川底から構造物を入れないと崩れるから大きな修理費が要る（濁流が川床を掘り下げる）。

このようなところは、航空写真でおおよそ検討はつくが、実際に見なければ判断できない。このために現地踏査が重要だ。私はかつて、増水で水位が上がった濁流でコルゲート管が役目を果たせず、上の小谷の水が処理されず、見るも無残な災害跡を見た。

川の近くに道を計画するものではない。安心できる距離と勾配に配慮しなければならないことを学んできた。

やはり修理方法よりも設計が大切

その基礎になる設計が１番大切だ、施工の拙いところは直せるが、設計のミスは、どうにもならない。自然を荒廃させ、金をドブに捨てるようなことになるかも。

川の近くに道を計画するときは、都道府県の専門の人に指導を仰いだほうが良いと思う。修理方法より、設計が大切である。

排水を考えた路面横断勾配

排水は自然排水が理想だが、水を集めて谷（常に水が流れていない凹地）で排水すると崩壊する。ヘアピンカーブ（内カーブ）で、これをやられたら一巻の終わり。先に述べた濁流を道に当てるのと同じワケ。岩質、条件によっては上の山が落ちてこないとも限らない。

技術の継承

日本の伝統、あるいは文化や技術を継承していくのに最も適したサイクルが20年と言われている（式年遷宮も20年ごと）。

10のうち９の成果を挙げても、１つでも失敗すれば、これを非難する声が一斉にあがるだろう。あれこれと口を出すよりは黙っていたほうが賢いが、今の林業を見ていて、少しでも林家のお役に立つようなことがあればと思い、筆を執った。

「時」が診断する

昔に起ったことは必ず起こる。すべて人間が、よく考えもせずつくったモノは「時」を経て、何か事が起きれば全部無くなってしまって元の姿になる。これが自然の営みだと思っていてる（これは路網だけのことではない）。

林業経営の心得

森づくりは大層長期（100年以上）の仕事で、その間には世の中が大きく変わり、家の状態や家族の価値観も変わり、森づくりはどうなっていくだろう。「変化の中に不変を求めて」をモノサシにして生きていくより知らないので、それに遵（したが）って山で働いてきた。私の頭から離れないことなどを書いてみた。私も、もう86歳を過ぎて、後に続く人に少しでも役に立てればと、私の頭にある、いろいろなことを順序もなく述べていく。

林業生活60年のことを赤裸々に述べるが、何分、私は林学など学問は習ってなく、失敗をする度に覚えた愚鈍な男だが、振り返ってみることにする。もし参考になることがあれば幸甚である。

「ものの本質（真理）」は不変

だから、これに順う。そのためには、そのものの本質を知ることが前提。これがわからないと対処できない。本だけの知識では分からない（食べてみてモノの味がわかる）。

運材架線からの脱出

大橋山の上の団地の中心付近（97頁図の「上の広場」現機械倉庫敷地）までは運材車で運んで集積する広場があり、そこから下へ一部他人様の山を越えて張った運材架線で下ろしていた。下の取り付け場所（終点は自己山林内）には、狭いながらも渓谷の上を使って盤台土場をつくることができたが、大型車を入れることができなかった。その上、架線は60度のきつい折れ曲がり中継所を必要とした。この運材線を使用している間に、運材架線の欠点を嫌というほど味わった。

積み込みに２～３人、運材架線のブレーキ係りが１人、中継所での方向転換に１人、盤台での荷おろしに１人、盤台の下での整理に１人と、工程も多く、熟練した作業員を多く必要とした。必要な人員が１人でも欠けると運材作業はできない。私も若く、いろいろ至らないところもあったと思うが、必要な時になると作業員に用事ができるらしく、人数が揃わない。その上、架線は、ときどき故障するのである。まったく仕事の予定が立てられないという状態であった。今思い出しても「ゾッ」とする。このような失敗、男泣きするほどの悔しさ、辛さの結果到達したことは「他人を頼りにしなくてもよい強い立場に立つこと」であった。

そこで、どうにかして上の団地と下の取り付け場所を運材架線ではなく道で連絡できないものかと考えた。しかしながら、途中の他人様の山を２つ通らなければならないために、どうにもならず、満６年と５カ月の交渉期間を要した。昭和40年代に入ってからは、ほとんど日参りしてお願いをした。寒い季節に、みぞれに打たれながら会ってもらえるまで屋外で待っていたことも多かった。よく忍んだ自分を褒めてやりたい。長い間にはこんなこともあった。

道がない山は資産価値がない

①道を付けることで山の価値が高くなる（価値をつくり出す。目先の僅かな損得に目の色を

変えるようでは大した人間でない）
②袋地（自由に行き来できない山）の悲哀は、味わってみないとわからない。
③盗伐・逆さ間引き・などは山主が見に行けないから起る。管理の第一要項は「見ること」（軽トラで仕事に来てくれる）。山の道は、抑止力になる。

用地の確保

公道からすべて自己森林ならば問題ないが、道・土場・架線用地などが重要な必須の用地ではなかろうか。

これらを他人に握られると、他人の「金づる」になるだけ。必要な用地の確保もできず、基盤整備もできずに、林学や経営学を論じても、全くの空論である。

用地交渉

中間に他人山が２つあり、交渉に６年５カ月かかったが、上の団地の広場と下の取り付け場所（国道）を道で連絡することができた。国道沿いの広場も手に入り、一挙に国道から、山のどの地点へも車で行けるようになった。「やはり春にならぬと花は咲かない。秋にならぬと紅葉しない」。

上の団地の広場と下の国道を結んだルート。ようやく開通した道も谷沿いで、斜面から水が噴き出す箇所も多く、厳しい条件の道となった

判断とは

「このあと、どうなるか？」を、よく考えることだろう。

「時」が肝心

①時を得るまでは、ジッと辛抱して待つ。
②時が、すべてを解決する。
③どんなことでも「その１番よい時」に合えば解決する。
④時は、時間とともに変化し、遂に逆転する。
⑤時は自分勝手につくれない。

生きてゆくためには、常に「時」を考えなくてはならないことを思い知らされた。
「今はよい」とされることも。明日はどうなるかわからないのが世の常。林業経営でも、そのときの自分や家族の実情から判断しても、時（月日）が経てば自分も家族の実情も変わる（「生病老死」「家の盛衰」）。「今はよい」と、大金を投じても後々大きなマイナスを抱えることになりはしないだろうか？　原因とその結果が分かるのは、３年や５年ではなく、もっと長い。

路網計画

「葉脈が、水分、養分を運び、生産されたものを、また、この道を通って成長しているのだなぁ、これが『システム』というものか」。「このようにしょう。これが間違っていたら、この草木は、ここに生きているはずがない。これを学ぼう」と。

林業が成立し難いところ

道がないのが1番の原因。自然の仕組みに従って。**海抜高による林業の成立範囲がある。**

造林の基本は「適地適木」で、樹種によって、これより海抜高が高いところは成立しないという海抜高があり、南では高く、北では低い。

上記のうちでも、ある程度以上の地位に恵まれたところで成立するが、その他、下記のところは成立困難である。

①表土の浅いところ

②急傾斜地

③その他

日照時間が長いと不可。乾燥する。季節風が強く当たるところも不可。根(新しい毛根)が切れて成長しない。

山づくりより、生活

これは300年にわたる人工林の歴史が示している(吉野林業史)。他の収入によって生活を維持しながら山をつくり、いつとはなく木が大きく育ち、財産の1つとして継承され、危急のときは立木を皆伐して出費の支えにしてきた。この繰り返しが人工林の歴史である。山だけでは、昔(材木が多く使われていた時代)でも生活を維持していけなかった(大面積山林所有者のことは知らないが)。

金を借りてまで林業をするな

公庫の金でも、材価から考えたら、物凄い高利である。

標準伐期で皆伐するものではない

40～50年生の育ちざかりの小径木を、今の安い時に(利用価値がないときに)皆伐するのは、森林の造成とその破壊というマイナスの仕事に苦労するために生まれてきたようなもの。

目先のことだけしか考えないのか

森づくりは、目先の小さい利益を追うのではなく、大きな全体像を描き、調和を保ちながら、全体の価値を高めなければならない。それができなければ林業から撤退するしかないだろう。

木は伐ってもよいが、森を伐ってはならない。生命力の衰えた木から収穫なさい。

「逆さ間引き」をするな

繰り返し言うが、「逆さ間引き」はしてはいけない。

遺伝的に悪い木、台風被害木、木の生命力を無視し、細く商品価値のない木などを残し、カネになる木をすべて伐った価値のない山を見た。これが「逆さ間引き」である。後はどうするのだろうか？　大きなマイナス資産が残された。

生命力のある木を伐ると森林は破壊される。カネが入り用ならば、太くても生命力が衰えた木(熟した木)を収穫し、細くても生命力がある木を育てれば山は蘇る。自然落種による苗木も成長し、森林は更新される(自家山林内の一部で実験済)。

「逆さ間引き」をされた山林。商品価値のない木が残されている。更新も立木も片付けなければできない。片付けてもカネが要る。伐りだしてもカネが入らない。
このようなおろかなことをするものではない。

100年生からの択伐収穫の方法

後継者に、100年生ぐらいになれば標高の高い林地から、水平の立木の間隔を苗木が育つ程度の疎にして択伐収穫するのがよいと言っている。ここは保安林で皆伐出来ない。宝の持ち腐れは、アホウでミジメ。

その頃には大径良質のヒノキの競争相手も少なく価値も高いだろう。今から準備してもよいだろう。世間に出回る数量が少ないと価格は高い。事情によっては間伐しなくても差し支えない程度にしておくのも長く保つ方法の1つ。

標高の高いところから疎にせよ、そして天然下種更新せよと言っている。山は風上から風通しをよくするとダメになる。山の下から疎にすると、山全体が駄目になる。絶対注意。

森林社会

人間社会と同じで、老が去り、幼が生まれ、常に構成個体(木)は変わりながらも全体として変わることなく永続できる。その道を採れ。

大局から見て考えよ

全体像を掴むことから始めなさい。

年間材積増加率で経営を考えたら、生育環境が変われば数倍の価値にでもできる(拙著『山の見方　木の見方　森づくりの基礎を知るために』全国林業改良普及協会 2012　108頁参照)。60年生と60年生以降10年間の年間成長量の平均を比較すると、約4倍になった)。これが林業。

年間、年輪幅が1㎜太ると、直径で2㎜、10年で2㎝太らせると、山全体では？など考えて計画を立てると面白い。

経営はトータルバランスの上に成り立つもの

この世は調和によって存在している。私たちの精神や肉体も調和が採れていないと生きていられない。経営も「生きた全体の調和」です。

プラスとマイナス

例えば、コストダウンという「プラス」面だけを考えて大型の林業機械を導入したらどうなるか。「マイナス」面としては、機械購入に伴う金利、償却費、機械を通すための広い道の開設、その費用、道開設による災害の不安などが挙げられるだろう。

得と損は表裏のようなもので、一方から見ればプラスであり、他の一方から見るとマイナスである。プラスとマイナスは、「時」「条件」など、いろいろなものによって変化するので、多面的に見て判断したい。判断の基準は「道理」。

賢さとは

「賢さ」とは、未来を見通す能力。

山は見に行かないとマイナスの資産に変わる

主婦など女性が経営者ならば、軽トラで山へ遊びに行くことは大きな仕事である。

道の規模は自分の家に合うように

これも自然(葉脈)から学んだ。自然の法則というものはみな､底で繋がっているらしい(渓谷も下流になるほど川幅が広い)。

高密路網と路網密度

山を、谷落部、斜面下部、斜面上部、稜線部の４つに大きく区分し、谷落部、斜面下部では道の密度が少なく、斜面上部、稜線部では密度が大きい。これには当然の「理」がある。

道の規模(本線)

家や山の条件と調和の採れた規模でなくてはならない。これは大切なこと。私どもの道では幅員2.5ｍ(切取部2.0ｍに余裕路肩を加えた道幅)。縦断勾配は、30%を超える部分もある。地形からも道幅を広く、しかも道の勾配を緩くすることはできなかった。道が用地によって制限されていた。

道の規模(支線)

支線は、斜面下部の許容斜面、斜面上部、稜線部に最も必要とし、その密度が高い。幅員1.8～2.0ｍ(切取部)に盛土部を加えた2.2ｍ。切取法高は1.4ｍ以下にしている。これは斜面の「タナ」に計画したから。延長が長いと集材に都合がよい。

心配することは

地形、地質も確かめず、安価だからと無謀な道を高密度に開設し、中には集落の上を通っている道も見かける。深層崩壊を引き起こさないだろうかと。「人災」だから損害賠償請求訴訟が各地で起こされはしないだろうか？と。

降雨量の増加・集中豪雨の多発で、山の危険なところへ水が流れ込み、１つの山の形が変わる、なくなるということ。山を全部売っても、損害を償うことはできないだろう。

道の計画に、もっとエネルギーを

壊れない道を付けるには、計画(ルート選定・排水などの計画)が１番。

後のことを考えて

後々の維持管理・修理などを考えて。

山の道は開設するより後々の維持管理が問題で、道が安定するまでがひと苦労。だから安易に考えるとヒドイ目に遭う。これは60年間、道と付き合ってきたから直言できる。

コストダウンは仕事面だけではない

今の機械は電子基板で動く高性能製品だから故障が起きても自分たちで修理ができない。動かなくなった場所によっては修理できるまで、どうにもならないこともある。故障のたびに専門家に来て貰わなければならない。

一方でくず鉄同様の機械を自分の技術で修理して使う。これはコストダウンに大きく繋がる。機械貧乏は経験して、はじめて気が付く。購入より、リースの時代。

急峻な斜面の道の密度は「疎」でよい

谷落部は斜面が急峻で、冬季、表土が凍結したとき、材を「トビ」でちょっと動かせば楽に滑落する。このような急峻な斜面では、材を落とすことで集められるので路は密に要らない。山仕事は季節に合わせるもので、他の季節に滑らせると、滑り跡を降雨が流れて斜面を崩すことがある。谷落ち部は堆積土だから要注意。

谷落部にはできるだけ道を開設しない

谷落部には、やむなく幹線は必要だが、支線は不要と思う、ロクなことはない。材をトビで落として集まったところを繋ぐ線上に架線を張って集材するが、架線の費用と材の量とを、勘案しなければならない。間伐しないか、その部分だけ多く伐るかを判断する。

我が国の山は

安定した大陸の山(ドイツ林業)のマネはできない。日本の山は破砕されているから(木が育ち)林業ができる。地質が極めて不安定だから、それを無視すれば崩れる。山の道は諸刃の剣。

土石は修理に使える—無駄に捨てるな

この世で劣化しないものは石と土。

重機があるのだから石垣を積むとよい。礫も必要だから集積。山砂は砂と礫が混合されているのでむやみに捨てるな。これらは「道の補修編」で述べた。壁土も大切な資材だ。

あまり早く結論を下すな

先々ハッキリ見通しがつくようになってから、結論を下せばよい。

地質の見方・考え方

男でも女でも厚みがあり、おだやかな、人に安らぎを与えるようでありたい。「あの人なら安心してついていける。絶対間違いない」と人から思われる、そういう人が1番の人物だ。豊かさ、安らぎ、親しみが感じられ、たとえ頭がそんなに切れなくても、このような人は重要なポストに適任である。何よりも安心して任せられることが肝心。私は、山に道を計画するときも全く同じだと思っている。

詐欺師や悪人も大物になれば言動は穏やかだが、どこか違う。誰でも怪しいと思うことは用心してかかるから失敗しないが、「まさか」と思うことで失敗する。

山で偽者を見分けるには、斜面の形を見る。内部の状態は必ず外部に表れる。人間の「顔に書いてある」とか「顔色が悪い」などと言われているのと同じ。山も人間も同じ。

削げている—道を開設してはいけないところ

溜まり土のところは、その斜面が削(そ)げている。人の場合は心が削げている。山の道を計画するとき、できれば、その山の姿を見る。それは人間の相と山の相とは関係があるということである。急なところ、斜面が削げたところ、土地が薄いところ、尖っているところなどは危険がいっぱい。避けるのが賢明である。私たちの社会生活でも同じで、危険な人物と関わりを持つから災難を被るのと同じではないかと思う。

「削(そ)ぐ」とは「殺ぐ」で削り取ることである。崩壊地や溜り土などの斜面は削げた線で、このような所に道を付けたら崩壊間違いなしである。削げたものには貧しさを感じる。断面の線が削げているところは貧乏神の棲家と思えば間違いない。

険しい—道を開設してはいけないところ

険しいとは、「きつい」ことで、「険しい目つき」とか「きつい奴」「人の心が険しい」などと言う。「険」には、そのほかに「難儀」とか「損なう」と言う意味もある。

山の斜面が急峻で険しいところは、道の計画は、できるだけ避ける。心が険しい人とは交際し難いように道の工事も難儀する。せっかく難儀してつけた道も、往々にして損なうことが多い。

急峻な斜面に道をつけると、どうしても切取法高が高くなり、斜面崩壊や林内の環境を破壊する割合が高くなる。

尾根がかったところの凸部(陽)の険しいのもいけないが、谷がかった凹部(陰)の険しいのは特に危険である。とても道を計画することはできない。人間性では、これを陰険と言っている。このような者は人を誘って悪いことをさせたり、人情として、とてもできないようなことでも平気でする。頭がよいだけに、物を傷つけたり壊したりすることは大変上手で、しかも分からないようにすることは神業である。人を騙して、うまく陥れたりする。人を使う立場の人にとって、この見分け方が経営のポイントではないだろうか、とにかく陰険は、道も人でも避けるべきと思う。

曲がっている—道を開設してはいけないところ

曲がった者と書いて「曲者(くせもの)」という。地形図の等高線が曲がりくねっているところは、大昔から多くの変動を受けてきた複雑な地質である。「心が曲がっている」とか「ひねくれている」などと言う。できれば、あまり近づきたくないところである。良いことは、まずないと思ってもよい。

乱れている―道を開設してはいけないところ

乱れるのは正常でなく、滅びるに通ずる。乱れるには何かがあるから乱れるので、何もなければ乱れない。人も何かあれば乱れる。山も同じで等高線の乱れは断層、崩壊地、地滑り地、およびそれらの候補地である。「乱」は先の「曲」と通じるところがあるが、ただ曲がっているだけでなく、いろいろな、よくないものが入り混じっていて道の計画は断念しなければならない。弱いところへシワ寄せされるように、これまでに激しく変動を受けたところで、その地質は複雑である。基岩は破砕されている不安定な地質で、このようなところで工事をしていると、ニッチもサッチもいかなくなる。

例えば、地形図で水系がよく分かるように紺色でなぞったとき、どの水系もズレていて、そのズレの点をつなぐと線状であるのは断層によって受けたところの線(破砕線)である。これは尾根の場合も同じである。

また斜面に凹凸が多く見られるところ、小さい谷や小さくて細い尾根が多いところなどは、乱れたわけの分からない地質のところである。人間でも、わけの分からない人は1番嫌いなもので、そのような者は泥棒でも相手にしないという。

薄い―道を開設してはいけないところ

尾根幅の狭いところ、つまり薄い尾根は土が流れ去った痩せ地である。表土が薄い。過去に土が流れ去ったということは、今後も流れ去る要因があるところで、道をつけるのにも避けなければいけないところである。

尖る―道を開設してはいけないところ

尖ったものに、人は恐れる本能をもっている。だから「尖」という字には「滅びる」とか「愚か」などの意味がある。

ゴツゴツした山肌、等高線が角張ったところは、岩石地で、やむを得ない場合を除いて道を計画するのは本当に愚かなことである。

色を見る

内部の状態をみるのに､形のほかに「色」がある。人間の精神状態も「赤面する」とか「青い顔をして……」などといわれる。

樹木は幹の色が明るいものは生命力が旺盛である。色が悪く暗い色をしたものは生命力が劣っている。間伐木の選定のとき、細くても通直で色が良い木は見込みがあるが、太くても色の悪いものは早めに伐るようにしている。スギの葉の色が濃くて湿ったような色の木は芯材の色が黒い場合が多い。木の葉の色でも、あまり色の良すぎるのも考えものだ。

いろいろと難しい屁理屈を並べなくてよい。この世のモノは人間も含めて、相と色に要約される。「気色」も加わるが、これは「不立文字(ふりゅうもんじ)」。「運」のつくコツは「運」のいい人と付き合いなさい。山だけのことではない

おわりに

急峻な我が国の山道は、普通の道とは異なり、いくら道づくりのベテランでも難しいものだ。60年ほど道と付き合ってきたが、わからないことが多い。死ぬまで学びたい。

各地の自然条件、経営者の事情など、条件はさまざまなので、道づくりは「これが正しい」「こうしなければ」などとは決して思っていない。ただ、「私の山では、このようにしてきた」ということだ。各地へ伺ったとき、質問されたら「このようにしたら、いかがでしょう」と答えてきた。決して干渉はしなかった。その土地の条件を一番知っている方に対しての干渉は失礼だから。

植物の力を借りよう。
「メタセコイヤは金にならない」と人は言う。スギ苗を植えてもウサギに喰われる。手間をかけて運よく残ったとしても路床を守るまでに年数がかかる、手間もかかる。そしてスギやヒノキは余るほどある。その根は土を掴む力が強大で、しかも成長が早いので不安定な土地を安定させるために植えている。モノの価値は、その木だけの価値(「あまり先のことまで考えても何になる」)と路床を安定させて崩壊を未然に防ぐ価値とを対比したい。大きくなったら建物でも傾けると言われるが、安定させる太さになったら冬に伐れば良い。伐っても芽が出る。枯らそうと思えば夏に伐れば良い。

「初め有らざるなし、克(よ)く終わりあること鮮(すくな)し」(詩経)。
どんなことでも、初めはともかくもやっていくが、それを終わりまで全うする者は少ない。終わりを全うするために、あまり費用が要らず、長らく使える維持管理のことなどを書いた。

索引

あ

か

さ

た

な

は

ま

や

ら

著者紹介

大橋 慶三郎（おおはし けいざぶろう）

1928（昭和3）年、大阪府大阪市生まれ。
大阪府指導林家。祖父の代に植林された千早赤阪村の山林を1949年に引き継ぐ。自ら木馬道をつくり、木馬を引き、その経験と観察をもとにして、約11年間をかけて1967年、所有林に「高密林内路網」（247m/ha）を完成させた。その路網と「生命力を重視した間伐法」によって、半世紀にわたり中間収穫を続けている。
著書に『大橋慶三郎　道づくりのすべて』『大橋慶三郎　林業人生を語る』『写真図解　作業道づくり』、林業改良普及双書No.159『大橋慶三郎 道づくりと経営』『作業道　路網計画とルート選定』『写真解説　山の見方　木の見方』（いずれも全国林業改良普及協会）などがある。

参考文献

「日本のスギ」(全国林業改良普及協会)
「森—そのしくみとはたらき」只木良也・赤井龍夫 著
「易経講話(1〜5巻)」公田連太郎 著
「袁柳荘相書(下巻)」袁柳荘 著
「伝習録(上巻・下巻)」(王陽明全集・陽明の高弟、除愛が書きとめた分)
「呻吟語」公田連太郎 著(呂新吾先生の語録)
「師と共」全国師友協会
「師経」
「呂氏春秋」呂不韋 編纂
「生命の医学」岡田一好 著

写真協力(撮影地を含む) 敬称略(五十音順)

浦木林業株式会社
榎本慎一
大阪府森林組合
熊本県(芦北林研)
後藤國利
清光林業株式会社
塚本　哲
橋本光治
長谷川文昭
村上和寛
株式会社 山田林業

装丁・デザイン

野沢清子/島田康子/米澤美枝(株式会社エス・アンド・ピー)

図解　作業道の点検・診断、補修技術

2015年5月25日　発行

著　者　大橋慶三郎

発行者　渡辺政一

発行所　全国林業改良普及協会
〒107-0052　東京都港区赤坂1-9-13三会堂ビル
電話　03-3583-8461(販売担当)
03-3583-8659(編集担当)
FAX　03-3583-8465
注文FAX　03-3584-9126
HP　http://www.ringyou.or.jp/

印刷・製本所　株式会社　技秀堂

ISBN978-4-88138-323-0

大橋慶三郎の本

作業道　路網計画とルート選定

ISBN978-4-88138-263-9
A4判　124頁　カラー
定価：本体3,200円＋税

路網計画の考え方、計画の手順、注意点、事例研究などを、作業道づくりの第一人者である著者の50年の実践を元に紹介。山にひそむ「絶対に道を通してはいけない個所」「危険個所」を計画時に見抜き、より安全なルートを選定するための秘訣をまとめました。

●主な項目

路網計画で注意したい危険なポイント（破砕帯、円弧）／１章.どんな作業道を目指すべきか／２章.路網計画の考え方／３章.路網計画の手順と必要資料／４章.路網計画の注意点／５章.現地踏査と施工ルートの決定／６章.路網計画とルート選定の事例研究、ほか

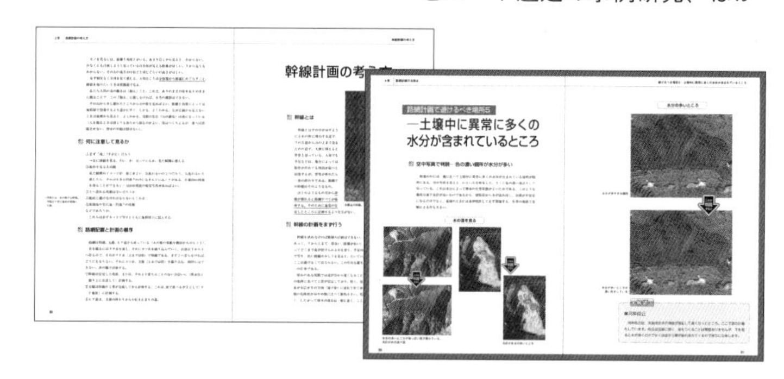

写真図解　作業道づくり

ISBN978-4-88138-190-8
大橋慶三郎・岡橋清元 共著
B5判　108頁
カラー（一部モノクロ）
定価：本体2,500円＋税

これからの林業経営には作業道は欠かすことができません。本書は、作業道づくりの第一人者が、半世紀にわたる実践のエッセンスをまとめたものです。机上論はありません。カラー写真は、吉野林業の本場・奈良県川上村にある著者（岡橋）の経営林に作業道を実際に開設し、そのプロセスを撮り下ろしました。簡潔な文と豊富な写真で、著者のノウハウを公開した本書は、実務者必携の１冊です。

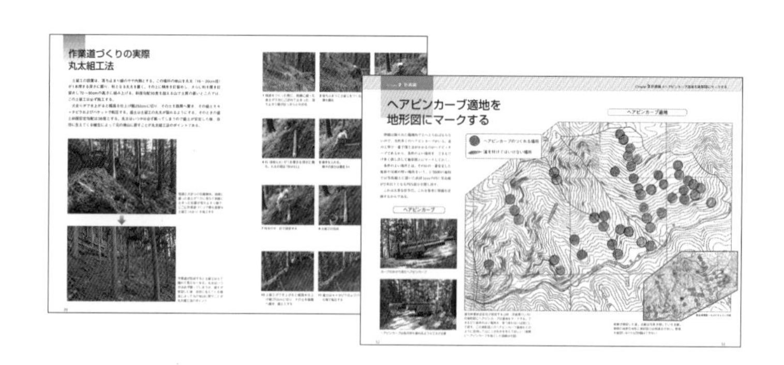

写真解説　山の見方　木の見方　森づくりの基礎を知るために

ISBN978-4-88138-285-1
A4判　136頁
カラー（一部モノクロ）
定価：本体3,200円＋税

林業経営の基本は、山・樹木・自然をよく観察し、その意味を読み取ることにあります。これらを読み取る知恵・技術の習得には長年の現場経験が必須です。本書は、著者・大橋慶三郎氏が60年の林業経営の実践から得た、山（自然）を見る眼・見方を、著者自らが撮影した写真で示し、解説。林業経営を担う方に向けて、著者が山をどのように見て、判断し、施業を計画してきたのか、いわば林業の奥義ともいうべき知見を整理しました。林業経営に参考となる一冊です。

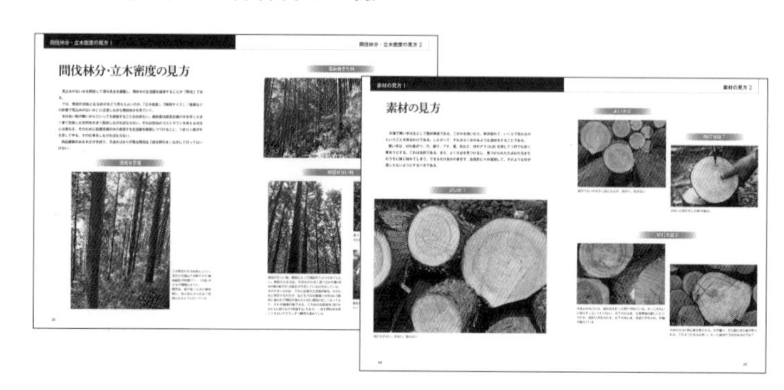

全林協の本

林業現場人 道具と技

やっぱり、林業は、現場人。自分なりの道具をつくり、使う実践力を身につける

日本各地の達人たちを取材し、現場で実践されている工夫・技術や改良・考案された道具を紹介しています。林業現場で働くのみなさんの「なぜ？」にズバリ応え、道具を使うことで、林業という仕事、山という現場の魅力を伝えます。単なる技術書ではなく、読み物としての楽しさ、現場で働く人の今を伝えます。林業現場で働くみなさん、緑の雇用・Ｉターンからの新規就業者等も楽しめる内容です。

毎号、読者の知りたいことの特集を組み、理屈より、実践を大事にする徹底した現場主義を貫きます。

専用のウェブサイトもご覧ください。
『林業現場人　道具と技』げんばびとの広場
http://douguwaza.blog45.fc2.com/

全国林業改良普及協会　編
A4 変型判
120 頁カラー（一部モノクロ）
ソフトカバー
本体 1,800 円＋税

林業現場人
道具と技 Vol. 1
チェーンソーのメンテナンス徹底解説
ISBN978-4-88138-225-7

林業現場人
道具と技 Vol. 2
伐倒スタイルの研究 北欧・日本の達人技
ISBN978-4-88138-233-2

林業現場人
道具と技 Vol. 3
刈払機の徹底活用術
ISBN978-4-88138-244-8

林業現場人
道具と技 Vol. 4
正確な伐倒を極める
ISBN978-4-88138-255-4

林業現場人
道具と技 Vol. 5
特殊伐採という仕事
ISBN978-4-88138-262-2

林業現場人
道具と技 Vol. 6
徹底図解 搬出間伐の仕事
ISBN978-4-88138-273-8

林業現場人
道具と技 Vol. 7
ズバリ架線が分かる 現場技術大図解
ISBN978-4-88138-278-3

林業現場人
道具と技 Vol. 8
パノラマ図解 重機の現場テクニック
ISBN978-4-88138-291-2

林業現場人
道具と技 Vol. 9
広葉樹の伐倒を極める
ISBN978-4-88138-295-0

林業現場人
道具と技 Vol. 10
大公開　これが特殊伐採の技術だ
ISBN978-4-88138-303-2

林業現場人
道具と技 Vol.11
稼ぐ造材・採材の研究
ISBN978-4-88138-312-4

林業現場人
道具と技 Vol.12
私の安全流儀 自分の命は、自分で守る
ISBN978-4-88138-291-2

月刊「林業新知識」

山林所有者のみなさんと、
共に歩む月刊誌です。

月刊「林業新知識」は、山林所有者のための雑誌です。すべて現場発の情報ですので、机上の理論はありません。林家や現場技術者など、実践者の技術やノウハウを現場で取材し、読者の山林経営や実践に役立つディティール情報が満載。「私も明日からやってみよう」。そんな気持ちを応援します。

後継者の心配、山林経営への理解不足、自然災害の心配、資産価値の維持など、みなさんの課題・疑問をいっしょに考える雑誌です。1人で不安に思うことも、本誌でいっしょに考えれば、いいアイデアも浮かびます。

- B5判　24頁　一部カラー
- 定価：本体：219円＋税＋送料
- 年間購読もございます。

月刊「現代林業」

わかりづらいテーマを、
読者の立場でわかりやすく。
「そこが知りたかった」が読める月刊誌です。

月刊「現代林業」は、「現場主義」をモットーに、林業のトレンドをリードする雑誌として長きにわたり「オピニオン＋情報提供」を展開してきました。

本誌では、地域レベルでの林業展望、再生産可能な木材の利活用、山村振興をテーマとして、現場取材を通じて新たな林業の視座を追求しています。

- A5判　80頁　モノクロ
- 定価：本体380円＋税＋送料
- 年間購読もございます。

「なぜ３割間伐か？」林業の疑問に答える本
藤森隆郎 著
ISBN978-4-88138-318-6
四六判　208頁
定価：本体1,800円＋税

木質バイオマス事業 －林業地域が成功する条件とは何か
相川高信 著
ISBN978-4-88138-317-9
A5判　144頁
定価：本体2,000円＋税

DVD付き　フリーソフトでここまで出来る 実務で使う林業GIS
竹島喜芳 著
ISBN978-4-88138-307-0
B5判　320頁
定価：本体4,000円＋税

「木の駅」軽トラ・チェーンソーで山も人もいきいき
丹羽健司 著
ISBN978-4-88138-306-3
A5判　口絵8頁（カラー）＋168頁（モノクロ）
定価：本体1,900円＋税

対談集
人が育てば、経営が伸びる。
林業経営戦略としての人材育成とは
全国林業改良普及協会 編
四六判　144頁
ISBN978-4-88138-304-9
定価：本体1,900円＋税

現場図解　道づくりの施工技術
岡橋清元 著
ISBN978-4-88138-305-6
A4変型判　96頁
定価：本体2,700円＋税

実践経営を拓く
林業生産技術ゼミナール
伐出・路網からサプライチェーンまで
酒井秀夫 著
A5判　352頁
ISBN978-4-88138-275-2
定価：本体3,600円＋税

作業道ゼミナール 基本技術とプロの技
酒井秀夫 著
ISBN978-4-88138-216-5
A5判　292頁
定価：本体3,500円＋税

作業道　理論と環境保全機能
酒井秀夫 著
ISBN978-4-88138-133-5
A5判　284頁
定価：本体3,500円＋税

これだけは必須！　道づくり技術の実践ルール 路網計画から施工まで
湯浅　勲＋酒井秀夫 共著
ISBN978-4-88138-284-4
A5判　230頁
定価：本体2,300円＋税

梶谷哲也の達人探訪記
梶谷哲也 著
ISBN978-4-88138-311-7
A5判　192頁（一部モノクロ）
定価：本体1,900円＋税